世界の無人航空機図鑑

マーティン・J・ドアティ 著
Martin J. Dougherty
角敦子 訳
Atsuko Sumi

軍用ドローンから民間利用まで

原書房

世界の無人航空機図鑑
軍用ドローンから民間利用まで

世界の無人航空機図鑑──軍用ドローンから民間利用まで
C O N T E N T S

はじめに **006**

[第**1**部]
軍用ドローン **048**

イントロダクション ▶050
戦闘ドローン ▶098
超長時間滞空型偵察ドローン ▶138
長時間滞空型偵察ドローン ▶150
中距離偵察ドローン ▶168
回転翼ドローン ▶184
輸送と汎用のドローン ▶194
小型偵察ドローン ▶204
巡航ミサイル ▶224

[第**2**部]
非軍用ドローン **232**

イントロダクション ▶234
NASAのドローン ▶241
農業と生物調査のドローン ▶250
水中ドローン ▶256
無人実験機 ▶268
宇宙のドローン ▶274
未来の展望 ▶282

❖ 用語解説──290
❖ 索引──292
❖ 図版クレジット──301

はじめに

つい最近まで、ほとんどの人にとってドローンは未知の存在だった。ドローンがどんなもので、どのような能力があるのか想像がつく人も、たいていSFやテクノスリラーからの受け売りで、実物を見知っていたわけではない。ところがほんのここ数年で、ドローンは得体の知れないものではなくなり、ほぼ毎日といっていいくらいメディアに取りあげられるようになっている。世界の紛争地域では、ドローンによる攻撃や偵察が行なわれている。商用ドローンは荷物はもちろん、ピザの配達までするという。

　少し前からドローンのユーザーは驚くべき数にのぼっており、操縦者はさまざまな立場の人間におよんでいる。ただその事実に、部外者は気づいていなかっただけのことだ。軍事以外にも、研究目的や地球環境の監視といった用途がすでに見出されている。ドローンはいまや商品化されており、それほど大金をはたかなくても、一般のユーザーが娯楽で使える時代が到来している。

　とはいえ実のところ、遠隔操作機というのは目新しい着想ではない。たしかに「ドローン」という言葉は日常用語の仲間入りをしたが、そうなるずっと以前から航空機やヘリコプターは遠隔操作で飛んでいたし、自動車は無線操縦で走行していた。遠隔操作

[左]無人機（UAV）の操縦は複雑な作業である。ストローの穴を覗きながら、航空機を飛ばすようなものだともいわれている。オペレーターは機体の操縦以外にも、カメラやレーダー等の電子機器をコントロールして、データを他のユーザーに伝送しなければならない。そのため大型の軍用UAVの操作は、複数の人間で行なわれる。

の兵器もここ数年間実戦に投入されている。ただしどれもがみな期待どおりの成果を収めているわけではない。しかもそうしたものを、厳密な意味でドローンと呼んでよいかどうかについての見解は定まっていないのだ。

ドローンとは？

　ドローンについては的確な定義がある。パイロットがいなくても完全自動で操縦する航空機、つまり人がつきっきりで制御しなくてもよい航空機という定義である。そうなると、従来の無線操縦機の類いは、厳密な意味ではドローンではなくなる。また水中で活動する遠隔操作無人探査機（ROV）の多くも、ただ航空機でないという理由だけではなく、ドローンではなくなる［無人の船艇・車輌もドローンと呼ぶ］。いやむしろ、たいていの娯楽用の「ドローン」は、半自律型なので真のドローンとはいいがたい。その一方で、ドローンの定義をいくぶん拡張して、だいたい同じような原理で働いて、同様の役割を果たすなら、類似の多様な航空機をドローンの仲間と認めるのも、あながち的外れではない。

　矛盾のない言葉で、「ドローン」の定義を突きつめるのはなかなか難しい。最初の例外という障害にいきなりぶつかったら、そこで座礁しかねない。理論的には、正しい針路をとって、まっすぐ水平に飛ぶ遠隔操作機なら、ドローンのように操縦できるはずである。この状態なら、オペレーターがリモコンを置いても、航空機は制御入力なしで航行しつづけるだろう。

　ただし、それでもドローンの操縦とは本質的な違いがある。ドローンであるためには、航空機がある程度独自の判断をくだせる必要があるだろう。そうなると、操縦翼面［飛行機を制御するための可動翼面］で針路を保っていた単純なオートパイロットは、条件を満たさなくなる。だがいったん目的地を定めたら、必要に応じて針路変更をしながら飛んでいく航空機なら、ドローンの一般的定義にあてはまる。

　「ドローン」でもとくに軍が運用する場合は、地上ステーションに詰めるパイロットによって操縦される形が主流である。自律飛行

は可能だが、通常はパイロットが四六時中操作卓の操縦桿を握っている。プレデターのような軍用無人機は、高度な操縦技術が必要で、ドローンの定義の境界を押しひろげている。実のところオペレーターの多くは、「ドローン」という名称が使われるのを快く思わない。作業の難しさは、航空機に搭乗する場合とまったく変わらないからである。

　米軍のドローンであるプレデターは、地上のオペレーターの制御をつねに受けながら飛ぶので、先ほどの厳密な定義でいうドローンにはあてはまらない。だがいずれにせよ、無人機(UAV)であるのには変わりない。オペレーターにはこちらの名称のほうが受けがいい。同様に深海のパイプラインの点検など、水中での作業に使われる遠隔操作機は、持続的に制御を受けるだろうか

RQ-4グローバルホーク(Global Hawk)

グローバルホークの主翼、尾翼、操縦翼面は、黒鉛繊維複合材(グラファイト)でできている。構造を強化した翼も開発中で、これをつければ最大積載量が増加する予定である。

AE3700[米軍ではF137と命名]ターボファン・エンジンが、胴体上部に搭載されているのは、下から見上げたときに熱シグネチャを低減するためである。

この特徴的なドームに収められている衛星通信用のアンテナが、地球の反対側からの操作を可能にしている。UHF無線を使えば、見通し内通信もできる。

グローバルホークの前方監視センサー・パッケージは、注目点の可視光および赤外線カメラの画像を、口径254mmの反射望遠鏡で拡大している。

ら、遠隔操作無人探査機（ROV）または無人潜水機（UUV）とするのがいちばん無理がないだろう。

ミサイルや魚雷は、多くの点でドローンの定義にあてはまる。誘導装置がついており、飛行経路や進行方向をみずからが決定するなど、ほとんど自律的に動作するからだ。ただしそうした中にも手動誘導を受けたり、レーザー指示器のような手動制御照準システムで標的に狙いを定めたりするタイプもある。ミサイルや魚雷は、ドローンと同じような役割を果たす。それでも、ふつうドローンとはみなされない。

それと同じように、航空機の飛んでいる様子をただ見ただけでは、ドローンかドローンでないかを見極めるのは難しい。一見ドローンらしき航空機も、操縦者がFPV（一人称視点）システムなどを使い

尾翼の部分が斜めに傾けられているので、レーダー反射が抑えられ、これが目隠しになって、ジェット排気がほぼどの方向からも見えない。そのためグローバルホークの探知可能距離は大幅に短くなっている。

スペック：RQ-4グローバルホーク

全長	14.5m
翼幅	39.8m
全高	4.7m
動力	ロールスロイス・ノースアメリカ F137-RR-100ターボファン・エンジン
最大離陸重量	14,628kg
最高速度	574km/h
航続距離	22,632km
上昇限度	18,288m
航続時間	34時間以上

従来型航空機のように、垂直安定板と水平尾翼に方向舵と昇降舵がついているのではなく、このふたつの動翼を複合したV字型のラダーベーター（フィン）で、両方の機能を果たしている。

ながら、逐一制御しているかもしれない。ちなみにFPVとは、機体正面に据えつけられるカメラのことである。このカメラをとおして、コックピットのパイロットが見るような視点で映像が送られてくる。小型航空機型の「ドローン」は昔の模型飛行機のように見えても、GPS誘導の自動制御で飛んでいるかもしれない。

というようなわけで、ドローンを定義する性能の解釈はかなりややこしくなっており、他の領域とも重複している。本書をまとめるにあたっては、「ドローン」の定義を大幅に緩めても差し障りはないだろう。よって本書ではドローンを、次のような条件を満たす航空機と考えたい。❶パイロットを搭乗させないこと。❷本来なら搭乗者の判断を要する機能を、少なくともある程度自律的に行なえること。❸ミサイルや誘導砲弾のような他のカテゴリーに明らかにあてはまらないこと。

［右］小型UAVの大半が、昔からラジコン愛好家が飛ばしている模型飛行機によく似た形をしている。サイズが大きくなると、デザインの種類も増えてくる。後列中央のRQ-2パイオニアは、基本的に従来型の小型機だが、後列右のRQ-15ネプチューンは着水できる飛行艇である。

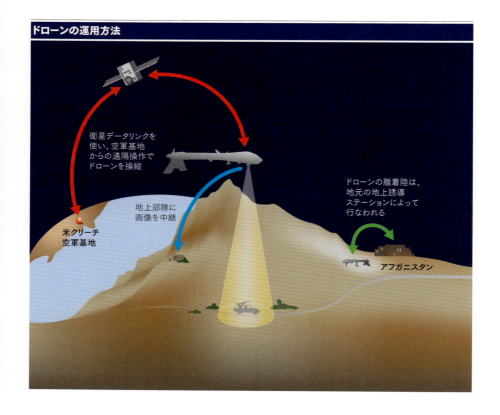

ドローンの運用方法

自律着陸のプロセス

❶ 直線着陸中間地点に接近[旋回着陸もある]。
❷ 高度75mまで降下。
❸ 何度か旋回して風速と風向を確かめ、ベストの着陸進入方向を割りだす。
❹ 割りだした方向に向かって飛行。
❺ 急速降下を開始。
❻ 最終進入のために機体を水平に。

❼ 高度3mで最後のエアブレーキ[逆噴射、プロペラの逆回転等]を効かせて、揚力を下げ接地。

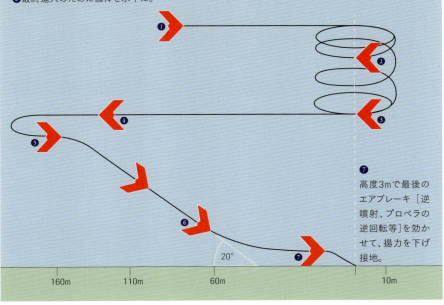

挑戦の歴史

　歴史を紐解くと、軍用を中心に無人航空機を作ろうとする試みは無数にあった。中でもバカバカしいのは、ミサイルに「有機的コントロール」を導入するというアイディアだ。有機的コントロールといっても、実体は訓練したハトに特定の標的を認識させて、くちばしでつつかせようというもの。恐れを知らぬハトなら、ミサイルの正面にあるスクリーンをつついて、ミサイルを標的へと誘導できるだろう、というわけだ。スクリーンは制御装置と連動しており、軌道修正ができるようになっている。ミサイルが標的をド真ん中にとらえているなら、ハトはミサイルが針路をそのまま保つようにつつく。標的からそれると、スクリーンの中央から離れた場所をつついて針路を修正する。

　1950年代初めに、ミサイルに内蔵できるほど小型化された電子装置が開発されると、有機的コントロールの構想は忘れさられた。そしてどういうわけか、そのまま歴史の中に埋もれたままになった。

　自律性のある航空機を作ろうとする別の挑戦も、第2次世界大戦に始まっている。これはもっと単純な仕組みだった。V1飛行爆弾は基本的に無人機で、間欠燃焼型のパルスジェット・エンジンを動力としていた。単純な構造で建造費は安くすむが、巨

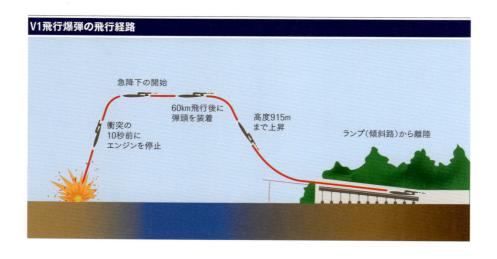

V1飛行爆弾の飛行経路

大な弾頭を搭載できる。V1にはオートパイロットらしき誘導装置がついていた。これにより、飛行高度が保たれるほか、ごく単純な慣性誘導システムが働いて、急降下のメカニズムが発動される。V1の正面についている小さなプロペラは、機首を通過する空気の流れでまわるようになっていた。その回転数があらかじめ設定された数に達すると、V1は理論上必要な距離を進んだことになり、標的に向かって急降下を開始する。

　ところが現実には、急降下位置を割りだす緻密な計算も、向かい風や追い風、装置の不正確さによって狂わされ、多くのV1が標的の手前か後方に墜落する運命をたどった。横風もコースを外れる要因になった。V1は航法システムに相当するものをもたず、標的に向かって打ちっぱなしにされていた。そのため直線的な航路をたどらざるをえず、そのことがあだになって、航空機による迎撃や地上に設置された対空砲の砲撃で撃ちおとされた。

　本格的なオートパイロットがそなわっていなかったので、敵の航空機が飛翔中の爆弾の前に出てスリップストリームを発生させれば、コースを外れさせて墜落に追いこめた。また横に飛びながら、航空機の主翼で直接V1の翼を傾けることもあった。それでも弾頭はどこかに突っこんでいったが、標的には命中せずに人口密集地への空爆は回避された。

ミステル

　V1飛行爆弾は、ドローンといえるものでもミサイルでもない。近代の軍用無人機やミサイルの先駆的存在として位置づけられよう。無人機というコンセプトが、実現可能なことを証明する例にもなった。ドイツは同じ目的で別の挑戦もしている。単座の戦闘機を大型機に乗せて結合させた親子飛行機、いわゆる「ベートーベン」だ。「ミステル」と呼ばれる大型機は爆弾を搭載しており、小型機の遠隔操作で誘導された。

　ミステルには通常、ユンカースJu–88のような軽爆撃機をあてたが、それ以外にもさまざまな機種が使われた。旧式の型が多かったのは、退役寸前の航空機を有効利用しようとしたからだ。

計画では、標的近くまで飛行したあと戦闘機が離脱し、巨大な弾頭を搭載したミステルを標的に突っこませるはずだった。ところが実戦では、200機を超えるペアができたのにもかかわらず、成果らしい成果はほとんどなかった。

ミステル開発の最終局面では、終戦近くに登場したジェット機が組みこまれた。最新式の戦闘用航空機を投入しようというのだから、もったいない話である。なんといってもミステルが搭載できる兵器の量にはかぎりがあって、当然のことながら1度しか投下できないのだから。親子航空機は迎撃にも弱かった。

このベートーベンは本当の意味でのドローンではなかったが、当時の技術力からすれば実現の可能性は高かった。いうなれば

［上］V1は近代の巡航ミサイルの走りといえる、ごく初期のモデルだった。命中率が低かったのは、遠隔操縦機能がなく、正確な自動航法システムがそなわっていなかったためだ。標的にされた者にとっては幸いだったことに、こうしたシステムを実現するテクノロジーはまだ考案されていなかった。

誘導ミサイルと1回攻撃用のドローンの中間にあたる航空機だったのだ。最終的には失敗に終わったが、少なくとも理論上は、戦闘任務を遂行できる無人機という概念を実現させたといえよう。

　戦時計画の産物にはまた無線操縦の滑空爆弾や音響ホーミング魚雷といった、ドローン兵器の特徴を部分的に有するものがある。第2次世界大戦中には戦況を決定づけるような影響力をもたなかったにせよ、戦果を確実にあげたので、その後も技術は改良されていった。そうして開発されたのが、現代の多種多様な魚雷や誘導ミサイルである。またこういったもののテクノロジーは、ドローン開発の下地にもなった。第2次世界大戦直後のミサイル誘導技術の進歩がなければ、今日のドローンは誕生していないだろう。

　無人航空機の開発は戦後継続されていたが、その担い手は軍だけではなかった。滑空爆弾や初期のミサイルに使われていた無線誘導システムが進化し、やがては民間の愛好家も趣味で模型の飛行機やヘリコプターを飛ばせるようになった。気軽に楽しめるリモコン機は種類を増やし、ボートやレーシングカーのタイプも登場した。今では手頃な値段になり、リモコンで動く子供の玩具も珍しくない。

　この段階の成果からは、ドローンといえるものは生まれていない。ただしそのすべてがゴールに向かうステップになった。強力な小型電子機器が登場して、模型飛行機に高性能のプロセッサを組みこめるようになり、必要に応じた自律的な判断が可能になった。これでやっと真のドローンを作る材料がそろった。飛行経路のスタート地点とゴール地点、数カ所の中間地点(ウェイポイント)などを指定するだけで、それをどう実行するかはドローンの判断に任せられるようになったのだ。

　航空産業全般のみならず材料の技術的進歩も、ドローンの実現に貢献している。どのような航空機を作るにしても、軽さと強度は重要な要素になる。機体の重量が軽くなった分は、有効搭載量(ペイロード)に上乗せできる。小型ドローンの場合は、このことがとくに重要だ。たった数グラムの違いで、有用な積荷を乗せて飛

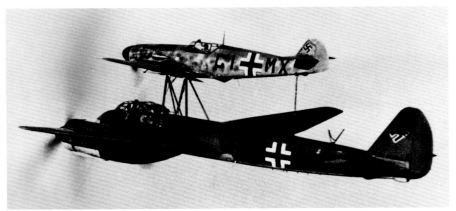

[上]ミステル計画では、手動制御で誘導する兵器の建造が試みられた。パイロットが自分の乗っている小型機から、爆弾を詰めこんだ大型の輸送機を切り離し、遠隔操作で最終進入から標的への衝突までを誘導した。攻撃はこのような方法で行なわれたが、大した被害はあたえられなかった。

[左]1950年代半ばには、ラジコン模型飛行機は市場に出まわっていたので、このような競技会も開催されるようになった。遠隔操作の発達は、稚拙な無人飛行爆弾から、現代のUAVに飛躍するために必要な要素のひとつだった。

べるかまったく飛びたてないかの違いが生じたりもするからだ。

　小型ドローンは、離陸する推力を生みだす重いエンジンや人や荷物を載せなくてもよいので、機体に使える材料の選択肢が広い。ドローンに使用した材料でも、普通サイズの航空機にはまったく使えないものもあるだろう。飛行中または着陸時に小型ドローンにかかる負荷は、大型機とくらべると天と地の差がある。ただしドローンも大型化するにつれて、従来の航空機のような構造にする必要が出てくる。

　GPS（全地球測位システム）の運用開始も、ドローンの誕生にはなくてはならない技術革新だった。GPSの信号を受信できる受信機

[上]ミサイル誘導のために開発が促進されたさまざまなシステムは、現在UAVにも取りいれられている。AIM-9サイドワインダー赤外線誘導空対空ミサイルは、1958年にはじめて実戦投入されたが、必ずしも期待に添う結果は出せなかった。この写真のテストは、1974年にポイントマグ米海軍ミサイルセンターで行なわれたもの。このとき開発途中だったAIM-9Hは、初の半導体素子化モデルとして完成した。

さえあれば位置情報を得られるので、その目的では受信機以外を搭載しなくてもよくなる。おかげでおびただしい数の計器を積まなくても、あるいはオペレーターがデータを更新しなくても、正確なナビゲーションが可能になった。そしてこのことが重要なカギとなって、近年のドローンの完全自動操縦化は実現したのである。

通信技術の進歩も待たなければならなかった。他の目的で開発されたシステムが、ドローンの操作に取りいれられるレベルにまで追いつく必要があったのだ。遊びでドローンを飛ばすという目的だけで誘導システムを開発するのは、大金持ちしかできない道楽だろう。だが、今日の通信機器の機能は、専用のコントローラーをしのいでいる。タブレットやノートパソコン、携帯電話といったものの相互運用性や互換性は、まさしく強力なセールスポイントとなっている。

汎用性があり、プログラム可能で通信機能をもったコンピューター機器が普及したために、ドローンの製造業者は既存のテクノロジーを活用できた。軍事予算がついている者にとっては、娯

イービー（eBee）

イービーは空撮で地図作製を可能にしたドローンである。手で投げるだけで飛んでゆく。

イービーの後部に設置されているプロペラは、ブラシレス電気モーターで駆動され、このモーターはリチウムポリマー電池を電源にしている。

さまざまな種類の高解像度カメラを下向きに搭載している。その大半が従来型の可視光カメラだが、用途に応じて赤外線カメラも使用できる。

機体は、軽量の発泡ポリプロピレン・フォームと炭素繊維でできている。離陸重量（ペイロード。GPS誘導装置、無線装置を含む）は、0.69kg。

センサーから取得したデータを使って、2Dもしくは3Dの地図を作製する。複数のドローンを同時に飛ばすことも可能で、単機の場合より詳細な地図を短時間で作成できる。

楽組ほど切実な問題ではなかったが、それでもやはり民生品利用（COTS）の部品のおかげで、開発費も完成品の価格も抑えられた。娯楽などを目的とする民間のユーザーも、こうした開発なくしてはドローンの操作は可能にならなかった。

　そうなるとなおさら、軍事、商業、娯楽などの目的を問わず、今日のどのドローンもゼロから作りだされたのではないことがわか

る。当初の実験はひどいもので、手当たり次第使える技術を取りいれて急場をしのいでいた。そこから必要なテクノロジーの利用が可能になって、次第に洗練されたシステムになっていった。ドローンはこのような過程を経て誕生したのである。そうした技術の大半は、ドローンの操作のためだけに開発されたのではなく、他の特定の用途から転用されるか改造をくわえた形で取りいれられていた。

　ドローンのテクノロジーが成熟した技術分野になった今、少なくとも「場合によっては」、将来この分野専用のシステムも開発されるだろう。もっともそれはドローンを改良する新技術が金を生むとわからなければ、実現しないことだが。場合によっては、とはまさにこのことを指している。

　ドローンに多様な用途が見出されて、ますます普及するにつれて、あらたに問われることも出てきた。無人機に兵器を搭載するのは、倫理的に許されるのか？　カメラを積んだドローンを、好き勝手に飛ばすユーザーを野放しにしてよいのか？　国の安全にはどのような意味をもつのか？　個人のプライバシーにとってはどうか？　ドローンで空撮した画像は、裁判の証拠として認められるのか？　脅威となりえる航空機を市街地で飛ばすのを規制するためには、どのような法律を制定すればよいのか？

　新しいテクノロジーの例に漏れず、社会が順応するためには時間が必要だ。法律や社会的慣習が適応すべきなのは、実際に起こりつつある事実だ。その時点での可能性や予測を根拠に、起こりえる出来事をいたずらに推測するようであってはならない。新たな技術がどのような使われ方をするかは、必ずしも見通せない。また当然のことながら、どのテクノロジーも期待に添う結果を出すわけではない。

　現時点で明らかになっているのは、ある分野で新たな可能性を広げたドローンが、それにとどまらずに、予算のかぎられている一般のユーザーにも利用の道を開いたということである。今ではドローンで農薬を散布できる。しかもパイロットつきで農業用航空機をチャーターするより、費用は安いのだ。農家や自然保護活

動家は模型飛行機を飛ばして、その地域の植生や野生動物についての最新の実態を把握できる。法執行機関は、無人ヘリ1機分だけの値段で空撮が可能になる。軍は有人機を保有する際の維持費や犠牲を払わなくても、長距離偵察を遂行できる。

　こうした例をはじめとする、多くの応用例が導入しているテクノロジーは実にさまざまだ。つい最近出現したテクノロジーもあれば、開発に何十年もかけられたものもある。安さと軽さを求める傾向は弱まっていないので、それを反映してこれまで以上に手軽な価格で、より高性能なドローンが手に入るようになるだろう。

ドローンのテクノロジー

　ドローンの主流は、航空機もしくは航空機型のデバイスである。大まかにふたつのタイプに分かれる。回転翼機と固定翼機である。固定翼機は必ずしも動力系を必要としない。グライダー・タイプのドローンも、構造が適正であればかなりの時間滞空できる。もっとも、一般的なのはエンジンを積んでいるほうだが。

　固定翼機の大多数が、プロペラで推進力を得ている。民間機の場合は100%がプロペラ機だ。内燃機関も動力として積めるが、大型のドローンでないと実現は難しい。そのようなドローンはまたどうしても音がうるさいし、墜落したら大事にもなりかねない。一般市民が飛行機をどこでも好きに飛ばしたり、失敗をして火災を起こしたりするのを容認する法律よりは、電動のドローンに制限する法律のほうが、はるかに受けいれられそうだ。

　そのため固定翼機のドローンはほぼ、電動モーターで1個もしくはそれ以上のプロペラを動かしている。プロペラは、機首に配置して機体を牽引する「トラクター式」にする場合もあるが、機体を推進する「プッシャー式」のほうが一般的だ。プッシャー式のプロペラは、当然のことながら機体の後部または翼に設置されている。この配置の利点は、機首にプロペラがないので、カメラなどの装置をそこに格納できることにある。

　どの航空機もそうだが、ドローンの場合も着陸は魔の時間帯になる。下手な着陸や地面との衝突で、プロペラを破損したり、プ

[上]スペインで設計されたアトランテ（Atlante）UAVは、非軍事的な空域で活動できる仕様になっている。ドローンの多くがそれを禁じられているのは、自動の空中衝突防止装置の搭載など、航空宇宙法が求める条件を満たしていないからである。それを満たしているアトランテは、純粋な軍用無人機より幅広い用途を見込めそうだ。

ロペラが機体に損傷を負わせたりすることもある。とはいっても、プロペラにかわるものは現実的にはない。繰りかえしになるが、引火性の液体燃料も危険である。軍でドローンを使用するときのように、ドローンに墜落を防止またはその衝撃を軽減するような高度なシステムがそなわっていて、オペレーターがあらゆる状況に応じた訓練を受けていると思われるのなら別だが、ごくふつうの民間人が使うなら、電動式のほうがはるかに安全である。

　ドローンの部品の中でもバッテリーは重いほうだが、出力と容量はつねに向上している。バッテリーに飛行中の充電機能があるか、充電ずみのバッテリーを交換して飛行を継続できるのであれば、利便性は高い。ドローンならたいてい乗員の乗務時間を考

[上]ジャララ（Yarara）UAVは、アルゼンチンで国内外の市場をターゲットに開発された。アメリカが配備する最新鋭のUAVにくらべると凡庸だが、低コストの航空偵察と監視活動という、ドローンで何よりも重視される機能をそなえている。設備が整っていない小飛行場からも飛びたてる。

慮しなくてもよいのでなおさらである。マニュアル操縦の航空機の場合は、乗員が疲れたら帰投しなければならないが、ドローンは自律操縦させるか、地上オペレーターが交替しながら操縦すれば、ほぼ休みなしに飛びつづけられる。

　同様に、有人機はフライト前に必ず徹底的な安全点検を行ない、ことによると大がかりな整備が必要になったりするが、ドローンの場合はたいてい着陸後にバッテリーを交換すれば、そのまま飛びたてる。

　これはドローンにかぎらずすべての航空機にいえることだが、最高高度、航続可能な条件、速度といった面での性能は、動力源の出力で決まってしまう。原則として、高出力を出せばバッテリーは短時間でなくなるが、出力を抑えればもっと長持ちするようになる。パワーウェイトレシオ（出力重量比）は、高速や高性能を実現するために重要だが、ほとんどの場合大きくかかわってくるのは航続時間である。

　ドローンは軽量だ。軍用の巨大なドローンでさえ、有人機ほどのサイズや重量はない。パイロットともうひとりの乗員、そして人間が必要とする支援システムが占領する空間とくらべたら、制御

電子回路の格納スペースはたかが知れている。パイロットには動きまわる場所も必要だ。少なくとも操縦装置を操作して、飛行機を乗降する広さがなくてはならない。操縦席と与圧コックピットを用意し、パイロットが計器パネルに集中できるように、パネルとくっつきすぎないようにする必要もある。ドローンならこのような配慮は一切不要なので、スペースと重量の節約になる。

　小型で軽量であることには多くのメリットがあるが、何よりも少ない出力で長時間飛行できることが最大の長所になる。ただし軽量航空機は重量のある航空機より、風や気温、湿度といった気象条件に左右されやすい。ペイロードと性能の兼ね合いも図らねばならない。ドローンはたいてい小型で軽量なので、カメラをつけ換えて重量に数十グラムの違いが出たとしても、性能に重大な変化が生じて航続時間が大幅に短縮されることもある。

　固定翼ドローンは、従来型の航空機と同じように飛行する。翼の上面、下面に沿って流れる空気流速の違いで揚力が生じて、失速せずに飛ぶことができる。軽量ドローンは大きな揚力を必要としないので、通常はそれもひとつのメリットとなる。とはいっても突然の追い風は、吹けば飛ぶようなドローンにとっては大敵だ。揚力が奪われて墜落することもある。

　飛行の安定性は、ふつう航空機タイプの水平尾翼と垂直安定板（フィン）で保たれる。ただしドローンも、航空機とまったく同じ現代の設計コンセプトを取りいれることは可能だ。たとえばフィンについている標準的な方向舵や、主翼または尾翼についている昇降舵のかわりに、V字型をした尾翼部分で、水平尾翼とフィンの働きをさせることもできる。方向舵にせよ昇降舵にせよ、動翼には必ず制御系統が必要になり、その導入とともに重量と構造の複雑さがくわわる。もっとも近年のサーボは小型化していて、出力も小さくなっているが。ちなみにサーボとは、モーターをとおして自動制御をつかさどる機構のことである。

　固定翼ドローンは、浮揚させつづけるために必要な動力がほんのわずかですみ、それが最大の長所となっている。対気速度がドローンの失速速度を上まわっていれば、揚力は失われずにド

[上]オクタン（Octane）のような回転翼ドローンは安定性が高く、正確な操縦が可能なセンサー・プラットフォームになるが、その代償として、滞空しつづけるためにバッテリーを激しく消費する。短距離を低空で飛ぶ活動に最適で、従来の固定翼ドローンには難しい、障害物の多い場所にも入りこめる。

ローンは飛びつづける。回転翼ドローンにくらべると、かなり小さい出力ですむので、同じ出力なら航続時間がのび、おそらくは速度も上がるだろう。

　回転翼ドローンの中には、1個のメインローターで揚力を得るという、実物のヘリコプターをそのまま小さくしたような構造のものもある。そうなるとローターの回転の反作用で逆のトルクが生じる。そのため何かで相殺しないと、ドローンは回転して操縦不能になってしまうので、通常ヘリコプター型のドローンは、それをテールローターで解決している。このテールローターは、機首を正確な方向に向ける役割も果たしている。ただし回転翼ドローンは、複数のローターをつけているタイプが大半を占めている。

マルチコプター型

マルチコプター型（ローター4個を搭載するクワッドコプターなど）は、標準的なヘリの構造より安定性がよいという特徴がある。ただしローターごとに、モーター1個とそれを動かす制御系統をつけなくてはならない。回転翼機は力ずくで飛ぶ方式を用いている。つまりプロペラの推力で、機体を空中に引っ張りあげているのである。するとドローンの総重量がローターにかかる。そのためローターの出力は、ドローンとペイロードとを合わせた重量を上まわる必要がある。

このように高出力を要するので、バッテリーは固定翼型ほどもたない。その結果総出力が同じでもスピードは出ないことになるが、そういった欠点も操作の正確さで補われる。回転翼ドローンはホバリングという、固定翼型には不可能な芸当ができる。そのためブレの小さい空撮や狭い空間での作業など、多くの利用法で他にかえがたい選択肢となっている。たとえば屋内での固定翼ドローンの使用は不適当だろうが、回転翼機には向いている。

回転翼であれ固定翼であれ、プロペラで駆動するドローンは、モーターでローターに動力をあたえなければならない。そうしたモーターは電動機でも内燃機関であってもよい。大型のドローンなら積めるのはジェット・エンジンしかないが、十分な推力が得られるので、ペイロードが多くなり高速で飛行できるようになる。現時

［下］新しいテクノロジーの例に漏れず、UAVが潜在能力を発揮するためには、他のシステムとともに運用に組みこまれなければならない。このハンター（Hunter）統合戦術無人航空機のオペレーターは、戦闘救難演習に参加している。墜落機の乗員の捜索にドローンを投入すれば、さらに有人機を危険にさらさなくても、捜索範囲を広げられる。

点では、高性能な軍用無人機での利用例しかないが、テクノロジーが進歩するにつれて、大型貨物ドローンが商業市場に参入する時代も来るかもしれない。

　無人旅客機の計画も持ちあがっているが、パイロットのいない旅客機に、はたして乗客が乗る気になるかという問題が残っている。民間航空機はすでに自動化を大幅に進めていて、航空機の電子機器にパターン化した飛行操作を任せている。ただし、自動化でパイロットを支援する操縦から完全なドローン操縦への飛躍は、そう簡単になし遂げられるものではない。

センサーと通信の技術

　大半のドローンには、センサー類が少なくとも1個搭載されていて、情報収集などに利用されている。また通信システムを装備して、指令や航法データを受信している。通信は無線で伝送され、ドローンの型により単向または双方向での通信が行なわれる。

　ドローンが、地域の撮影など一定の作業をこなすようにプログラムされていて、追加の情報をあたえなくても実行可能なら、双方向の通信は必要ない。地上のオペレーターがドローンを見ながらコントロールしているときも同じである。こうした場合は、受信機能さえあれば事足りる。ただしドローンがデータを収集しているなら、その回収が必要になる。そうした場合はたいていドローンの機体を回収して、内部記憶装置（ストレージ）からデータをダウンロードしている。

　遠隔で収集したデータを手に入れる方法は、2、3年前にくらべるとかなり簡素化している。衛星偵察が始まったころは、写真は昔ながらのフィルムに焼きつけられ、そのフィルムを衛星から射出して地上に投下していた。フィルムを入れたカプセルはパラシュート降下するあいだに、特殊な装備をもつ航空機によって空中回収された。デジタル写真が出現してデータ転送が容易になると、この手の複雑で費用のかかる回収作業は廃止された。ただし大部分のドローンは、データを機体に保存するだけで通信機能をもたないので、回収後のダウンロードが必要になる。

[右]FPV（一人称視点）のドローンは、UAVの機首についているカメラから、オペレーターの使用するディスプレーにライブ映像を送ってくる。ディスプレーは、ノートパソコンやタブレットの画面でもよいが、表示機能をもつゴーグル端末の場合は、操縦席にすわっているような直観的な操縦を体験できる。

GPS

　GPS（全地球測位システム）は、ドローンのナビゲーションにも利用できる。GPS衛星から発信される信号により、適切な仕様の受信機は、正確な現在位置を高い精度で割りだせる。とはいっても、GPS誘導には限界がある。信号が入らなくなることもあるのだ。またいずれにせよ、飛行地域の地図と組みあわせてプログラムし

なければ、ドローンはGPS信号を受信しても、周囲に何があるのかを理解できない。それには3D表示にして、地表と対応する位置の他に高度も組みこまなければならない。そうすれば事故防止につながるが、航空機や鳥など、動いているものとの衝突までは避けられない。

　こうした限界はあるものの、GPS誘導は安上がりで効果的である。したがって地図作製や環境監視といった目的で、空撮をプログラムされているような単純なドローンなら、GPSさえあれば十分だろう。地図上で通過すべき中間地点(ウエイポイント)をいくつか決めておいて、ドローンにそれをたどらせるようにすれば、離陸後内蔵されている電子機器が、GPSデータをたえず更新することによって、風などの環境要因の影響を補正できる。

　GPS誘導がないとき、あるいは肉眼で見える範囲を越えてユーザーが操縦する場合は、ドローンにはデータの受信だけでなく、信号の発信をさせなければならないだろう。FPV（一人称視点）のドローンは、カメラの映像をユーザーに送る必要がある。ユーザーはそれを見て制御信号を送りかえす。それでは航空機を実際に

［下］大型で高度化したUAVを操縦するためには、非常に複雑な手順が要る。写真のディスプレーには、RQ-7シャドー（Shadow）ドローンから送られたデータが示されている。オペレーターは情報の洪水に押し流されそうになりながら、方向感覚の喪失とも戦わなければならないだろう。無人機が指令に反応しているかどうかを、感覚で確かめることはできないのだ。

飛ばすときに感じる刺激には多少欠けるかもしれない。パイロットにかかるGやバランス感覚の変化などは味わえない。それでもFPVによって現実に飛んでいるのとほとんど変わらない体験ができるし、パイロットの技能がそれ相応に上がれば、ドローンをうまく制御することは可能である。

　民間人が操縦するときでも、制御信号が届かなくなる、他の信号と干渉しあう、といった可能性はつねにつきまとう。ラジコン愛好者は昔から、互いに制御周波数を使い分けることで干渉を避ける工夫をしている。コントローラーのアンテナに小さな旗をつけて、その色で周波数のチャンネルがわかるようにしているのだ。近年の誘導システムは精巧になっていて、操縦翼面を直接動かす信号をただ受信するのにとどまらない。

　今日のデータ伝送装置は高度化しているので、他のラジコンやドローンに発信された電波は無視される。ただそれでも、偶発的に混信が起こる可能性が排除されるわけではない。軍事利用の場合は当然、それ以上に高度な干渉に対する耐性が必要になる。その地域で強力な送信波に遭うと、すぐさま操縦が効かなくなるドローンであっては、役に立たないだろう。

　フィクションの世界では、遠隔操作で車を爆発させるといった、とてつもないことをやってのけるハッカーが横行し、軍用無人機がハッキングを受けて敵や悪巧みをする者に乗っとられるという想定が、ありふれたテーマとなっている。現実でも起こりえると信じる人は多い。軍のシステムは、外部からのハッキングに最高レベルの耐性がある。12歳の少年がタブレットでミサイルを搭載したドローンを乗っとることなど、どのような条件が重なってもありえない。

　軍用無人機のオペレーターが、認識された脅威と正面から向きあうのだからなおさらである。遠隔操作できる装置には脆弱性がある。少なくとも理論的には、制御信号の送信方法がわかればハイジャックできる。ところがかなり簡単な作りの民間のドローンでさえ、このような試みには対策を講じている。軍は軍用無人機の開発に予算を使い、ソフトウェアに回復力をもたせて、ドロー

［左］RQ−7シャドーのシステムを構成するのは、無人機、輸送と発射に必要な車輛、誘導ステーションと、そしてもちろんドローンの飛行を準備し維持するスタッフである。スタンバイ可能なUAV3機と、予備用として分解された状態で運ばれてくる1機の標準的な配備には、22人のスタッフが必要になる。

ンがよからぬ目的のために、当初の予定とは違った行動を簡単にはとれないようにしている。

　市販品や商用ドローンのメーカーはドローンの性能を宣伝して、おおむね売上をのばしている。ところが軍用ドローンまたは特殊なドローン・システムのメーカーは、製造したドローンに可能なことをひけらかさない。ライバル業者や敵に対抗手段のヒントとなる情報をあたえないために、一線を画さなければならないからだ。

　メーカーが宣伝しなくても、兵器の性能はたいてい見当がつきやすいが、電子機器は謎の部分が多い。エンジンを覆うカウリングの下に隠されているのか、懸吊されているポッドに収容されているのかも判然としない。しかも電子機器が特定されても、正確な性能は推しはかれないのだ。

　ドローンの多くは、オペレーターと機体の制御装置のあいだで必要な通信手段の他にも、2種類の電子機器を搭載している。電子戦用のシステムがそなわっているのは、軍用と一部の保安活動用のドローンだけだ。こうしたシステムは、敵の電磁スペクト

[上] UAVのMQ-1プレデター（Predator）は、飛行操作をするための前方監視カメラをつけているが、ミッション用ペイロードの光学機器はターレット（砲塔）式マウントに収納されていて、機体とは別個に操作される。メディアは「無人機攻撃」にばかり注目するが、プレデターの心臓部といえるのは、センサー・パッケージである。

ル［電磁波の全帯域］を分析して優位に立ったり、逆に電磁スペクトルで妨害したりする。また偵察に利用すれば敵の位置などの情報収集も可能なので、応用範囲はさらに広がりそうだ。

センサー・システム

　ドローンに搭載されているセンサーで、いちばんよく見かけるのはさまざまなタイプのカメラである。今日の小型デジタルカメラは極小のスペースにも収まり、しかも高品質の画像を撮影する。それと同じくらい重要なのが、膨大な数の画像を記憶できることだ。おかげでほんの数年前には実現不可能だった使い方ができるようになっている。とはいっても、用途が違えばタイプの異なるカメラが必要になるが。

　FPV（一人称視点）での操縦、または標的のリアルタイムの監視には、連続的なビデオストリーム［ダウンロードしながら再生する動画］が必要になる。このことは軍事的用途においてとくに大きな意味をもつ。標的がその瞬間にとる行動にもとづいて、決断をくださなくてはならないからだ。善良そうな市民の一団がいきなり武器を構えるか

もしれない。攻撃開始の直前になって目標地域に、一般市民が迷いこむこともある。リアルタイムの動画があれば、「マン・イン・ザ・ループ」、すなわち一連の判断に人間の決断を介入させることが可能になる。ミサイルを標的から遠ざける、先制攻撃をかける、予定されていた空爆を寸前で中止する、といった判断である。

　非軍事的用途では、リアルタイムの動画は監視や映画の撮影にも利用できるが、往々にして殺傷力のある武器を使うときほど切実な意味をもたない。多重衝突事故や火事、地震といった災害の様子をリアルタイムで観察できれば、一刻を争う作業におおいに貢献するだろう。死傷者を発見・回収する、まだ反応のある人を切迫した状況から救出する、といった場面である。

　動画を必要とする用途は多くはない。しかも一般的に動画の

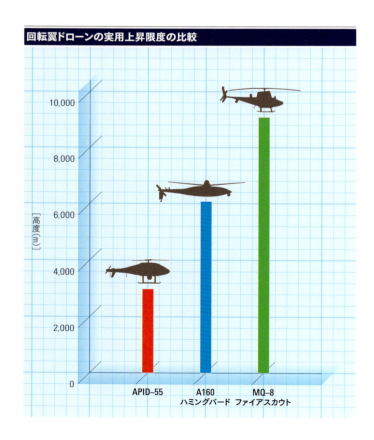

画像より、静止画のほうが解像度は高い。ビデオカメラとともに、静止画のカメラを搭載しているドローンが多いのはそのためだ。こうした静止画のカメラには特殊なタイプもある。超高解像度カメラ、長距離カメラ、微光でも撮影が可能な暗視カメラなどである。

赤外線暗視カメラにはさまざまな使い道があるが、それでも可視光カメラも搭載されている。赤外線カメラは、普通の光ではなく赤外線の放射(熱)をとらえるため、他の方法では発見しにくいものも識別できる。もちろんそれでも100%の確率だとはいえない。周囲と同じ温度まで冷えた車輛は、赤外線の放射が目立たないだろう。肉眼で見たらそこにあるのが明白なのに、まったく映像に浮かびあがってこない場合もある。

赤外線カメラは可視光カメラでは画像がぼやけるようなもやや雨も見通せるので、ナビゲーションに使えるほか、軍事偵察からパイプのひび割れ検査まで、多様な応用例がある。赤外線カメラの中には（他の種類のカメラも）、側方監視用、つまりドローンの横を向いているものもある。ドローンが動くにつれて、カメラの視界は定まらずに流れていくが、注目点（POI=Point of Interest）の撮影時には、旋回して焦点を定めている。

あるいは、真正面を向くように取りつけることもできる。これがいわゆる前方監視赤外線装置(FLIR)と呼ばれるものだ。FLIRは、障害物の回避には大変役立つが、ドローンを監視の対象物にまっすぐに向ける必要がある。側方監視用のカメラは、旋回により標的をとらえている時間を延長できる。FLIRの配置にした場合は当然のことながら、標的に向いている時間だけレンズにとらえているので、また見たければUターンして戻って来なければならない。

赤外線カメラは、ジンバル式マウント［水平に保つための吊装置］やターレット(砲塔)式マウントに取りつければ、ドローンの動きに関係なく、マウントを旋回してオペレーターの望む方向に向けられる。使い勝手はよくなるが、もちろんマウントの重量は増すしモーターで動かすので、小型ドローンではあまり使えない。ジンバル式またはターレット式と呼ばれるマウントには、複数のカメラを組みこめるので、可視光カメラ以外にも赤外線カメラやレーザー測距器

ポータブル誘導ステーション

ラトビアのUAVペンギン（Penguin）は自律飛行するが、携帯式の地上ステーションからも制御できる。

軍用ドローンの操作は劣悪な環境で行なわれるので、繊細な電子機器は壊れやすい。携帯用のケースは重要な部品を保護し、紛失を防いでいる。中にはノートパソコン2台の他に、誘導システムで使うジョイスティック、マウス、バッテリーパック、アンテナが収められている。

ペンギン・ドローンを制御するのは小型のノートパソコンで、そのディスプレーにはドローンから見える映像にくわえて、地図などのナビゲーション用データが表示される。

ペイロード制御は、大きいほうのタッチスクリーンで行なう。飛行操作はほとんど完全自動になっているので、ひとりでもじゅうぶん左右の装置を同時に使ってUAVをコントロールできる。

を設置できる。

　ドローンに搭載したレーザーには多くの使い道がある。軍は長年レーザーを距離測定に利用してきた。標的から反射したレーザー光線をドローンのセンサーが感知すれば、標的までの距離を高い精度で割りだせる。むろん、こうした情報はドローンの位置がわかっていなければ意味がないが、GPSなどの計器から位置情報は得られるだろう。

　レーザー測距器はさまざまな平和利用ができるが、とりわけ高度の測定に有用である。ドローンから測距器を真下に向ければ、地表からの高度が正確に測定される。あるいは飛行経路前方のある地点に対して、どれくらいの高度を飛んでいるかもわかる。

[**右**]前方監視赤外線装置（FLIR）。ヘリのジンバル型マウントに収納されている。軍の回転翼UAVの中には、基本的にパイロットが不要になったヘリなので、有人の同型ヘリのために設計された装置が、問題なく搭載できるモデルもある。従来機より小型のドローンは、最大積載量が少なくなるので特注の装置が必要になる。

情報としてはそちらのほうが価値があるだろう。レーザー高度計が、気圧にもとづくタイプよりも正確なのは、気温などの気象条件による気圧の変化に左右されないからである。とはいっても、全部のドローンに高度計が必要なわけではない。GPSによる位置標定と、誘導システムに組みこまれた優れた地図があれば、アプローチの仕方はまったく違うにせよ、地面との衝突は高度計利用と同程度に避けられる。

帰投プラン

　GPSやプログラムされた地図を使いながら飛ぶドローンは、部屋の中で目隠しされた人を誘導するのに、直接観察せずに、部屋の見取り図にもとづいて大声で指示をあたえているような状態にある。万事うまく行けば、つまり見取り図に箇所危険がすべて正確に記されていれば、問題は一切起こらないはずだ。ところが

そこには、コーヒー・テーブルの移動があったことや、ペットの犬が部屋をうろつきまわっていることまでは、記載されていないだろう。

オペレーターには、地図作製のあとに起こった変化はうかがい知れない。また当然GPS信号が途絶えたら、ドローンが今どこにいて周囲に何があるかを知る術はなくなる。ドローンのシステムによっては、稼働中に「帰投」ナビゲーション・プランが立ちあがっているものもある。外部との接触が断たれると、このプランが実行されてドローンは最後に得られたデータにもとづいて、「目隠し」のまま帰投のルートをたどる。

レーザー高度計のような計器類が使えれば、自律操縦するドローンにとっては選択肢が広がる。ドローンが自分で収集したデータを利用するためには、搭載プロセッサによる処理が必要になるが、それほど詳細にプログラムしなくても、ドローンは危険箇所を自分で避けて、適切な経路を選ぶようになる。

レーザー測距器はまた、他の方法では入りこめない場所も含

［下］マンティス（Mantis）UAVは技術実証機であり、戦闘ドローンの試験台となっている。MQ–9リーパー（Reaper）と同じく、長距離空爆が可能な無人機という隙間市場を満たすために開発された。ターボプロップ・エンジンを搭載する双発機で、24時間以上の航続時間を目標に設計されている。

[右]MQ-4Cトライトン（Triton）UAVは、グローバルホークをベースに、長距離情報収集および海洋監視を目的に設計された。遠隔センサーの搭載プラットフォームとなって、母船の水上艦艇が発見するより前に脅威を警告する、といった使い方をすれば、部隊防護や船団護衛も可能だろう。

めて、正確な地図作製を可能にする。ドローンと組みあわせた例では、ミリ単位までの縮尺で山岳地帯の地図が作製されている。従来の航空写真や地上での測量といったやり方では、不可能であるか少なくとも費用の面で実現できなかったことだろう。

　軍用ドローンは、「スタンドオフ」攻撃の精度を極限まで高められる。スタンドオフとは、遠隔地からの砲撃またはミサイルによる攻撃をいう。ドローンを用いる場合は、現在位置と測距器からのデータを利用して、標的の正確な位置を割りだし、それをGPS誘

導の兵器に入力するような方法もとれる。ただしこの方法を動く標的に対して使うのには限度がある。

レーザー指示器

　レーザー指示器を搭載できるドローンもある。レーザー指示器が使われるようになって、数十年が経過しているが、たいていかさばる大きさだったため、航空機に載せたり歩兵によって運ばれたりしていた。ドローンに組みこめるほど小型でも、実用に堪えるほど強力に照射できる指示装置を開発するのには、技術的な問題が多少あった。が、実現した今、そのメリットは計り知れない。レーザー誘導の兵器は、標的からレーザー光線が反射している場所に照準を合わせる。しかもその精度は高い。光線をたどるのではないので、どの方向からも標的を攻撃できる。

　ドローンに指示装置を搭載すれば、小型で敵の目を逃れやすいドローンが、標的の位置をマークして、遠隔地の発射台から飛んできた砲弾や爆弾、ミサイルを誘導できる。照準点は別の標的に移動してもよいし、動いている標的を追ってもよい。突然攻撃を中止しなければならないような事態が生じたときは、標的からマークを外せば兵器の命中を避けられる。そうなると、航空機から投下されたペイヴウェイ爆弾やヘルファイア・ミサイルといった精密兵器で、小さい、または移動している標的を狙っても、

［左］ウォッチキーパー（Watchkeeper）UAVはイギリス陸軍で使用され、監視および偵察任務にくわえて、砲兵部隊の目標捕捉を行なっている。アフガニスタンへの配備は限定的だったが、砂嵐で視界が悪い中でも、敵の動きをとらえられるセンサーの性能が高く評価された。

[上]タラリオン(Talarion) UAVは、陸海だけでなく、その境にある複雑な沿岸地域での偵察監視を目的に、EADS(エアバス・グループ)によって製造されている。フランス、ドイツ、スペインから少数の発注があった。双発機なので、損傷やシステムの故障があったときの「帰投」能力は高い。

正確無比に追いつめられる。しかも衝突の寸前まで「マン・イン・ザ・ループ」が保たれるので、攻撃の目標変更や中止が可能になる。従来型の爆弾や砲弾、ミサイルでは、絶対にできない芸当である。

このように指示装置を使えば、オペレーターはミサイルや砲弾の一斉射撃から最大限の結果を引きだせる。先頭のミサイルが命中したあとは、照準点を次に重要な標的に移せばよい。何らかの理由で標的を吹き飛ばせなかったときは、追加で発射したミサイルを命中させる。余ったミサイルはその後、別の標的に向けることができる。このような能力がない場合は、それぞれの標的

に複数の兵器を発射するか、失敗のリスクを負わなければならない。攻撃の第2波が到達するころには、標的は目標地域から逃れているかもしれないのだ。

　従来は、このような指示装置の使い方をするためには、歩兵か観測員が徒歩または車輌で標的に接近するか、ヘリコプターか航空機を飛ばす必要があった。こうした輸送手段は発見されて攻撃されることもある。巧みに身を隠した歩兵の観測員も、敵の間近にいるのでいつ危険な目に遭うかもわからない。ドローンは比較的安いうえに、活動の妨害をまったく受けない可能性もあるだろう。またそこに、別次元の効果がくわわったりもするのだ。

　ドローンを発見した敵は、指示装置を搭載しているかどうかはわからない。搭載しているとしても、自分の陣地に向かって兵器が飛来しているか否かを知る由はない。するとドローンは非常に有効な抑止力となりえる。攻撃しなくても、敵かもしれない者がどこかに隠れている、というわかりやすいヒントになるのだ。抑止によってどれほど多くの命が救われるかは定かではないが、車列をこれみよがしにドローンが護衛しているがために、攻撃が回避されることもあるだろう。攻撃があった場合も、すぐ近くにいる味方や第三者の安全を脅かさずに、迅速で精密な反撃ができるのだ。

その他の電子装置

　ドローンに搭載されるその他の電子装置には、気象観測などに用いる特殊なセンサー類や、地上ステーションとの通信以外の目的で使用される無線機器などがある。ドローンは無線のアクセスポイントであることを示すビーコンを発して、受信した送信波を中継したりもする。こうした使い方は、さまざまな場面で応用できる。遠隔地で活動している軍の小部隊と基地との通信を良好な状態に保つ、被災地救助隊員と支援拠点との連絡をつなぎつづける、などである。

　ドローンに通信衛星のような機能をもたせて、通信専用機にすることも可能だ。衛星を高度3万6000キロの静止軌道に打ちあげなくても、ドローンを高高度まで上昇させれば、水平線の向こ

うに信号を中継できる。費用が安くすむばかりでなく、信号が長距離を伝わるあいだに生じる通信の遅れも短縮できる。この方法なら、通信の傍受もされにくいだろう。

　もちろん受信した信号はすべて、送信者の同意を得て再発信されるのではない。ドローンは無線傍受任務も行なえる。敵地の上空を飛んで、敵の無線信号を盗聴するのである。信号の内容を解読できなくとも、少なくともオペレーターは、誰がどの周波数で、どの程度の頻度で送信しているのかを大まかに把握できる。情報分析官はそうしたデータをもとに、敵を出しぬくための戦略的情報を確定できる。

　解読された通信から情報が得られることも少なくない。傍受されないことに自信をもつ通信士が、「平文」で送信する場合もある。こうした通信傍受の任務は長らく、航空機もしくは地上の人目を避けた場所にある聴音哨、つまり秘密情報収集所の仕事だった。それが今では、より低コストで安全に行なえるようになっている。またそれと同じく重要なのが、急な出動命令であっても、ドローンなら任務に急行できるということだ。そうして信号傍受可能地域が瞬く間に、そしてしばしば秘密裡に確立される。

　その他にも感知できる電波はある。レーダーもそのひとつだ。この場合も、感知したレーダー電波のタイプや強度から、多くの情報が得られる。たとえば近距離防空レーダーは、船舶が使用する航海用レーダーとは、まったく違った特徴をもっている。レーダーの傍受で、それ以前には存在すら察知されていなかった敵軍や防空陣地の位置を特定できれば、味方の航空機や地上軍は、そこを迂回することも、有利な条件で攻撃を仕掛けることもできる。

　レーダーと無線はドローンで妨害もできるが、そうなると高出力を要するので小型のドローンでは不向きだ。電子戦の任務はこれまでずっと、特殊な装備や着脱可能なポッドをつけた航空機の領分だった。そうしたポッドの中には、なんらかの基本的な能力を発揮する自律型装置が収められている。ところが昨今は航空攻撃の前に送られたドローンが、このような電子戦闘能力を発揮

している。あるいは敵地に着いたドローンが、味方の攻撃が届くまでのあいだに、レーダーを妨害して敵の防御を欺くことも可能になった。そこで警報が発せられれば、敵はドローンに気をとられて戦力をそちらに引きつけられる。ただしそうした誤報が続くと、敵は警報を気にとめなくなるかもしれないのだ。

こうした任務は他の形態でも行なえるが、ここでもまたドローンは安価なので、同じ投資額なら作戦対象範囲を広げられる。地上の電子戦部隊がドローンを飛ばせられれば、部隊本拠地のアンテナで中継するかわりに、ドローンで強力な信号を送れるので、作戦域を拡大できるほか、自陣の居場所も秘匿できる。

同様に、ドローンはレーダーも搭載できる。ドローンのメーカーは、レーダー装置一式を小型の無人機にどうやって押しこんで、どうやって出力を出すかで四苦八苦している。レーダーパルス波を生成するためには、相当なエネルギーを要する。だがそうなると、レーダーに動力を供給できる大きさのエンジンをドローンに積みこまなくてはならなくなる。小型のドローンにバッテリー式のレーダー装置を搭載するだけではすまなくなるのだ。

合成開口レーダー

合成開口レーダー（SAR）は、航空機のみならず一部のドローンにも搭載されている。このレーダーは電波の照射装置を航空機の側方に固定し、機体の動きを利用してさまざまな方向のデータをとる。航空機もしくは無人機が動くあいだに、レーダーパルス波は次々と照射される。物にぶつかって反射したパルス波は、レーダーに組みこまれている検知器で受信される。1回のパルス波の反射で、作製される図は範囲が狭い。ところが時間の経過とともに、連続的なパルスから作られる画像は、地域をくまなく走査した詳細なモデルになっていく。

合成開口レーダーによる画像化は、地図作製や超低速で動く物体の検知には非常に役立つが、戦闘での用途はほとんどない。そのためこのレーダーを搭載したドローンは、地図や母船周辺の船舶の分布図の作製、あるいは救難活動で使用されている。高

[上]合成開口レーダー(SAR)は、さまざまな種類の航空機に取りつけられる。軍事目的だけでなく、地形マッピング、海洋学、気象学でも利用され、災害現場などでの救助活動でも役立てられる。SARで月面の水の探査も行なわれた。

速で向かってくる航空機を追跡したり、防御のために火砲やミサイルの射撃計画を立てたりするようなことはしない。

　この種のレーダーは、軍事用語でいう「アクティブ方式」になる。つまりただデータを受信するだけでなく、信号を送ってその反射を検知しているのである。カメラや赤外線画像装置は、センサーから照射されていない熱や光を検知するので、「パッシブ方式」となる。高度な電子機器を組みこんだカメラは、低照度の画質を高めたり熱放射を視覚化したりするが、それでももともとあるものを利用しているだけだ。パッシブ方式のセンサーは、目立ちにくくわずかなエネルギーしか必要としない。一方アクティブ方式は、電力の消費が多く他のセンサーに検知されてしまう。

　アクティブ方式のレーダーには、地図作製から攻撃対象の兵器への誘導にいたるまで、さまざまな用途があるが、レーダー信号を遠距離からも妨害(ジャミング)されるという欠点がある。いうなれば、夜間に田舎道をドライブしているような状況にあるからだ。ヘッドライトを点けていなければ、ドライバーは暗闇に包まれて、危険箇所

合成開口レーダー(SAR)

合成開口レーダー(SAR)は、目標地域のきわめて詳細な画像を構築するが、時間をかけてビーム走査をするのではなく、もっぱらアンテナの物的移動に頼って走査する。つまりSARは、あちこちの場所で撮影した画像を合成することによって、実際よりはるかに巨大なアンテナとして機能するのである。

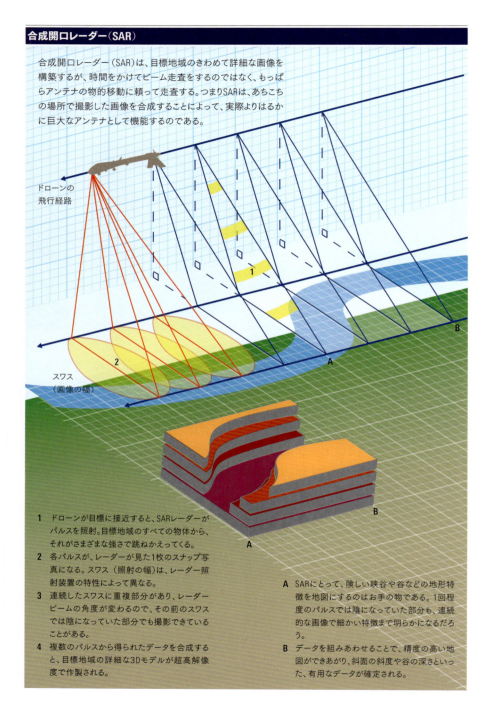

1. ドローンが目標に接近すると、SARレーダーがパルスを照射。目標地域のすべての物体から、それがさまざまな強さで跳ねかえってくる。
2. 各パルスが、レーダーが見た1枚のスナップ写真になる。スワス(照射の幅)は、レーダー照射装置の特性によって異なる。
3. 連続したスワスに重複部分があり、レーダービームの角度が変わるので、その前のスワスでは陰になっていた部分でも撮影できていることがある。
4. 複数のパルスから得られたデータを合成すると、目標地域の詳細な3Dモデルが超高解像度で作製される。

A SARにとって、険しい峡谷や谷などの地形特徴を地図にするのはお手の物である。1回程度のパルスでは陰になっていた部分も、連続的な画像で細かい特徴まで明らかになるだろう。

B データを組みあわせることで、精度の高い地図ができあがり、斜面の斜度や谷の深さといった、有用なデータが確定される。

[上] NASAの無人機によって高高度から撮影されたハイチの合成レーダー画像。目標地域をいくつかのブロックに分けてデータを集めてから、統合してより大きく詳細な画像を作りあげている。SAR機は、往復しながら飛ばなくてはならないので、広い地域の地図作製には時間がかかることがある。

の発見はおろか道路を進みつづけることもままならない。ところがライトを点けると、運転はしやすくなるがそれ以上に遠くからでも目立つので、気づかれずにいたい場合はライトが妨げになる。

民間のドローンが、地図作製やナビゲーションの目的でレーダーを積んでいる場合は、それでも問題はない。軍用のドローンはレーダー信号を出せば、無線のような電波と同様に検知されるおそれがある。それでも、レーダー搭載のドローンを打ちあげることができれば、おおいに助けになる。被災地の生存者を捜索する際にも範囲を広げられるし、レーダーの適用範囲を広げて、海軍タスクフォースを攻撃から守ることもできる。ドローンは対レーダー兵器の攻撃を受けるかもしれないが、そのおかげで母船には被害がおよばない。コストの面でも、人命の損失の面でも、船舶が沈められるよりはドローン1機が撃墜されるほうがましなのである。

敵防空網制圧

それとは逆に、ドローンは居場所を悟られずに、レーダー照射を検知するのにも利用できる。パッシブ方式のレーダーは、その名のごとくレーダーをまったく照射しないが、信号の感知はできる。

敵防空網制圧（SEAD）

追跡、対空システムで必要とするレーダーには、用途ごとに特徴があるため、照射されているレーダーで識別できる。ただしそれでもドローン自身が信号を出す必要はなく、ただパッシブ方式のレーダー受信装置で「聞く」だけになる。敵のレーダーを察知して標定すれば、攻撃して無力化できる。

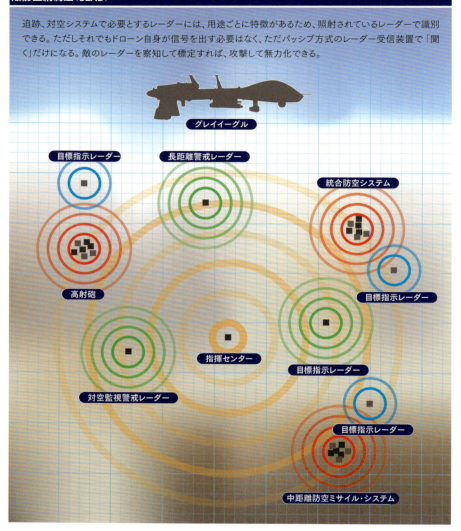

これはちょうど暗い夜道で、自動車のヘッドライトを眺めている人物と同じである。その人物の姿は暗闇に沈んでいるが、明るい光はほぼまちがいなく見えている。パッシブ方式のレーダーは、前述したような情報収集に用いられる。敵のレーダー機器の位置情報にもとづいて、先制攻撃を示唆することも可能だ。

この戦術は、敵防空網制圧（SEAD）作戦の一環として用いられる。ミサイルを搭載したプラットフォーム（従来は航空機だったが、ドローンも可）が、敵の空域にできるだけ気づかれないように侵入し、敵の防空レーダー放出源の分布図を作成する。本格的な攻撃が防空網に突入すると、敵のレーダーは迫る航空機への追跡に切りかわるが、陣地の真上を、対レーダー・ミサイルで武装した機体が飛んでいるのには気づかない。

　新たな性能がくわわったのではないが、ドローンに超小型化した装置を搭載することによって、これまでになかった使い方が可能になったのである。概して発見されにくい小型ドローンは、有益な情報収集のプラットフォームとなり、敵占領地への本格的な攻撃に先立って、侵入するような戦術を可能にした。そこで敵がレーダーを稼働させれば、照射源がどこにあるかが一目瞭然になる。

　ドローンはこのようにさまざまな情報収集のための装置を搭載できるので、非常に有用性が高い。人間を危険にさらすことなくコストも比較的安いため、その価値はさらに高まる。ドローンならあえて、人命を懸けるほどもない情報を追うことができる。片道切符の任務に送りだしてもかまわない。航空機やヘリコプターとくらべてコストがかからない分、同じ予算で運用範囲を拡大して、以前は予算的に無理だった場所まで飛ばせるようになる。

　「ドローン革命」というのはなかった。ただそのかわりに、カメラやレーダーのような搭載機器の低価格化と軽量化が進み、動力装置の出力と持続時間がのびるにつれて、ドローンの性能が徐々にアップし、それが続く流れに乗っただけである。すでに素晴らしい性能が実用化されてドローンのテクノロジーが実証された今、この傾向がただ続くだけでなく、加速していくのはまちがいないと思われる。

グローバルホークUAVには、旧式化したU-2高高度戦術偵察機と同等の能力をもたせる計画だった。たがそれは高いハードルで、グローバルホークの初期モデルはU-2の性能にはおよびもつかなかった。ただしどの派生型も滞空時間においては有人機をはるかにしのいでいる。

軍用ドローン

第 1 部

Military DRONES

イントロダクション

近代戦は従来のような戦場ではなく、4次元の戦闘空間で起こっているといわれる。「戦闘空間」というのはまだ新しい言葉なので、突飛な感じを受けるかもしれないが、この概念は環境が変化を遂げて従来のモデルでは通用しなくなった中で生まれてきている。地上戦でも海戦でも、航空戦力に搭載された電子装置や兵器によって、戦況が左右される時代が来ている。指揮官はそうなると、地形や天候だけでなく、空域や電磁スペクトルについても配慮せざるをえなくなる。

　航空機が開発される前は、前線と敵の手の届きにくい後方地域を確立するのは、そう難しいことではなかった。敵軍が後方に入るためには、潜入するか大まわりして相手の側面をつくしかなかった。でなければ、地図上に示された地点に向かって砲撃して、幸運を祈る以外に、敵の前線後方の標的に手出しをする方法はなかった。

　信頼性が高い自動車を用い地上輸送が出現すると、この状況は一変した。縦深攻撃によって前線を突破して、後方を混乱に陥らせることが可能になったのである。また自動車の機動性がく

[左] 第1次世界大戦にドイツ軍が飛ばしたこの観測気球は、戦場の観察ができる高見台を人工的に作りだした。泥臭いやり方だが気球はたしかに役に立った。ただし気球だけに移動はできず、攻撃には弱かった。エンジンを積んだ航空機が登場して、気球は廃れた。航空機が偵察の任務を奪っただけでなく、気球を破壊する効果的手段にもなったからだ。

わわったので、攻撃軸が高速で移動するようになり、戦況がますます流動的になった。とはいっても地上部隊は、相変わらず糧食や燃料といった補給物資を必要としていた。そしてこのような補給線への依存があったために、動きの速い機動部隊も、点在する兵站基地に縛りつけられていた。基地と切り離されれば、燃料や弾薬はあっという間に尽きて、敵に蹂躙(じゅうりん)されてしまう。

　ところが航空機を戦闘や補給任務で使用するようになると、さまざまな可能性が開けてきた。まだ基地との結びつきは強かったが、航空機なら前線のはるか後方まで到達できた。いやそれどころか、戦闘区域から遠く離れた場所まで飛んでいって、標的に攻撃をくわえて帰投することまで可能になったのだ。単に「稜線の背後」だけでなく、敵地の奥深くで起こりつつあることを事細かに偵察できるようにもなったのである。

3次元の戦場

　第2次世界大戦が始まると、戦況はそれ以前よりもはるかに流動的になり、ただ直線的に敵味方を区切る戦場モデルでは不十分になった。安全と思われたような場所も、航空攻撃と連携させたパラシュート降下、もしくは着地後の迅速な前進で占拠できるようになった。航空機からの攻撃で、後方の指揮センターや通信施設、補給物資集積場、戦域を移動中の部隊、軍の活動全体を支えるインフラも叩ける。戦域がさらに深く広くなるにつれて、どこも安全を保証されなくなり、どの地域で戦闘が勃発してもおかしくなくなった。

　そこで誕生したのが、巨大な3次元の戦場である。ここでは制空が何よりも重要になる。もしくは少なくとも上空に敵を侵入させなければよい。この3次元の空間にはさらに、もうひとつの次元がくわわる。電磁スペクトルである。電磁波を利用しているのは、無線、レーダー、赤外線画像装置、従来型と低照度用のカメラである。そしてもちろん、無線信号の妨害(ジャミング)、レーダーサイトへの攻撃など、敵の発する電磁波スペクトラムをうち消すさまざまな手段も使用している。

3次元の戦場

地上部隊が自陣から敵を追いはらうためには、前進して敵と直接交戦しなければならない。地表面での視界はかぎられている。

航空資源は、地上部隊に戦場を俯瞰する画像を送って情報を提供するほか、支援の要請も受けられる。

航空力だけで決着がつけられることはめったにないが、航空支援部隊は必要とされる場所まで、途中の地形や敵軍に関係なく急行できる。空に「前線」はない。

　偵察が改善されたといっても、航空機から観察したものを、無線連絡する程度の簡単な情報収集だったろうが、地上の兵員には非常にありがたがられた。つい最近まで、こうした能力を発揮するのは、必要な戦力を確保している組織的軍隊にとどまっていた。だが変化しつつあるテクノロジーが、こうした状況を変えている。

　今日の世界では、軍用の装備をそろえなくても高性能の機器が手に入る。レーザー測距器を内蔵する双眼鏡は市販されており、ユーザーは自分のいる場所から目標までの距離を正確に計測できる。現在位置も、高額ではない携帯電話のGPS機能で正確に知ることができる。携帯電話にはまた、爆破装置のスイッチを入れるという用途もある。あるいは味方に標的の位置や動きを伝えることも可能だ。

　周囲の環境いかんでは、観測者は自分の姿や行動を隠す必要はないかもしれない。欧米軍は多くの場合、厳格な交戦規定のもとで活動している。宣戦布告がなされていない紛争地域ではとくにそうだ。だからあからさまに敵を支援している者が、欧米軍

[右上] 測距双眼鏡はレーザー測距器が内蔵されているので双眼鏡をどこに向けても、ほとんど誤差なく距離を測ることができる。このような電子装置は特殊ではなくなり、戦闘時の情報ネットワークにうまく組みこまれている。同種の装置は一般市場で手に入るので、誰でもこうした性能を利用できる。

[右下] 1991年の湾岸戦争で破壊されたイラク軍の戦車の多くは、航空機の赤外線画像装置を使って居場所を突きとめられたあとに、誘導爆弾でむやみに撃たれていた。もはや暗闇は大した隠れ蓑にはならない。UAVが高度なセンサー類を使って、1回ごとの飛行で戦場を長時間監視できるとなればなおさらである。

の動きを知らせていたとしても、対抗手段を許可されない可能性が高いのだ。

戦車狩り

　軍の装備が利用できるなら、可能性は大幅に広がる。1991年の湾岸戦争では、夜間に駐車していたイラク軍の戦車が、原因不明の爆発を起こすという不穏な出来事が相次いだ。乗員の中には、暖をとるために戦車の中や下を寝床にしている者もいたが、そう時間も経たないうちに、夜の就寝前に戦車からできるだけ遠ざかることが不文律になった。

　実をいうと、戦車は暗闇に包まれて肉眼では見えなかったが、

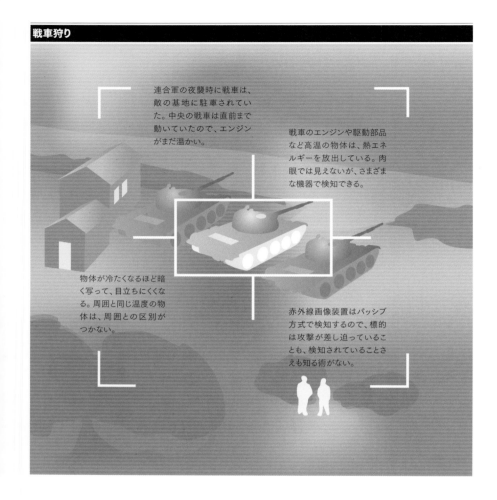

戦車狩り

連合軍の夜襲時に戦車は、敵の基地に駐車されていた。中央の戦車は直前まで動いていたので、エンジンがまだ温かい。

戦車のエンジンや駆動部品など高温の物体は、熱エネルギーを放出している。肉眼では見えないが、さまざまな機器で検知できる。

物体が冷たくなるほど暗く写って、目立ちにくくなる。周囲と同じ温度の物体は、周囲との区別がつかない。

赤外線画像装置はパッシブ方式で検知するので、標的は攻撃が差し迫っていることも、検知されていることさえも知る術がない。

　周囲の環境とは温度差があるので、赤外線画像装置にはくっきりと写っていたのだ。日が落ちて時間が経つと、偵察機から冷えていく戦車がよく見えたため、戦車狩りはたちまち日常の日課になった。戦車狩りと称して1両の戦車を破壊するのに、レーザー誘導爆弾などという、とんでもない火力が投入された。

　戦車の乗員は、偵察機が戦車の見える距離まで近づいているとは知る由もなかった。知っていたとしても、レーザー指示器が戦車をマークしているのに気づきようがない。爆弾は、標的から離れた場所で急上昇した航空機から「放り投げ」られていた。つ

まり上向きに弧を描くように発射して、射程をのばしたのだ。無誘導の爆弾だったら、当てずっぽうもいいところだった。1両の戦車にも当たらない、またはそれに近い結果にもなりえただろう。だがレーザーの追尾またはGPS誘導のおかげで、爆弾は標的に向かって音もたてずに滑空して、直撃するかその間近で着弾して装甲車輌を葬りさった。

イラクの戦車乗員は、なぜ自軍の戦車が爆発するのかわかっていなかったが、その噂は瞬く間に広がり、士気ははなはだしく低下した。その原因がわかっていたとしても、心理的効果は変わらなかっただろう。この瞬間もどこからともなく無音の攻撃にみまわれるかもしれないと思ったら、穏やかではいられなくなる。

赤外線検出はパッシブ方式なので、検知器からは標的を観察しているのを臭わす電波は出ていない。暗闇に身を隠しながら静粛（せいしゅく）移動をしているつもりの集団も、気づかないうちにそうした赤外線（IR）カメラで発見されて、追跡されているかもしれない。同様に、レーダーや無線の放つ電波のために、たまたま敵の検知器に部隊の居場所が知れてしまうこともあるのだ。

そのため現代の地上部隊の指揮官は、自分の目で見えるものや、パトロール隊のライフルの射程内にあるものだけを、意識しているわけにはいかない。電磁スペクトルを利用すれば、小規模

［右］優れた通信技術があれば、部隊や戦力のほぼ100％で情報交換や支援の要請が可能になる。こうした情報は精度を保ったままやりとりされ、また支援の要請は敵に警告の時間をあたえない。このような緊密な連携のおかげで、戦闘空間のそれぞれの部隊の戦闘能力は飛躍的に高まる。

の地上部隊も凄まじい火力を誘導できる。しかも敵の不意をつく形でである。歩兵部隊は、敵の間近に迫っていると警告を受けたので、交戦を寸前で回避できるかもしれない。あるいは待ち伏せ攻撃をすることも、砲撃から航空部隊にいたる、さまざまな支援の要請をすることも可能になるだろう。

　支援を要請する場合も、正確な位置を知らせてそこまでピンポイントの精度で誘導できるので、大きな破壊力をもつ兵器を、地上部隊のすぐ近くにいる標的に落とすことができる。昔は砲撃をしながら地上の観測者の修正を受けて、標的との間合いを詰めなければならなかった。でなければ、ただ地図上のグリッドの位置をめがけて爆弾を投下していた。だが今日では、弾体を指示器で標的まで誘導することも、信頼性の高いGPSで地上の地点まで誘導することもできる。そうなると爆弾やロケット、ミサイル、砲弾が地面に接近しつつあっても、敵はその気配をまったく感じられなくなる。敵の部隊は、攻撃を要請した歩兵部隊の存在に気づいてすらいないかもしれないのだ。

現代の戦闘空間

　こうしたことに対抗するためには、必ず近代戦闘の第4の次元、電磁スペクトルを用いなければならない。無線やレーダーが使われはじめた当初から、電磁波を無力化しようとする試みはあった。そのもっとも単純なものが、同じ周波数でさらに強力なノイズ電波を出力して、信号を妨害しようとする方法だ。これは力任せのやり方だが、うまく行く可能性もあるし、実際効果もある。ただし現代の無線やレーダーの機器は、それ以上に妨害電波対策を強化した仕様になっている。電波妨害器もみずからの存在をかなり強くアピールするので、多くのミサイルには「妨害源追尾」モードがあり、逆に電波妨害器を排除できる。

　現在の戦闘空間は複雑で錯綜した環境になっている。誰が戦闘員で誰がそうでないか、区別がつきにくいので、ますます混乱の度合いが増幅する。戦闘区域の境界があって、軍服に身を包んだふたつの軍隊が直接ぶつかり合うような戦いは、現代の世

[右] 赤外線画像は、訓練や練習を積まないと読みとるのが難しい。可視光のもとではすぐに見分けがつくような影が、熱分布としてとらえるとまったく違って見えたりもする。装置のタイプにもよるが、たいてい高温の物体は明るく、低温の物体は暗く表示される。

界では珍しい。むしろ紛争の多くは、反乱者による低レベルのしつこい嫌がらせのような形で行なわれている。手製爆弾（IED）の設置やゲリラ戦が、積極的に戦わないときには一般市民に紛れてしまう形の兵力によって行なわれるのだ。

　このような環境で、情報の価値はかつてないほど高まっている。敵の集団を四六時中追跡できたら、地上部隊は確実にその識別ができる。戦闘部隊や兵站部隊の動きを追跡して、敵の基地を突きとめることも可能だ。情報は多方面から集められ、突きあわされて、有用な情報にまとめ上げられる。地上部隊は進展しつつある状況について、他のどんな方法より速くて正確な評価をくだせるのだ。

　ここでとくに利用価値が高いのが、敵が油断しているときにつかんだ情報である。反乱者グループも見張られていると思えば、日常生活を送っている一般人になりすますだろう。ところが監視に気づいていない者は、戦闘員であるとわかる武器や態度をあまり隠そうとはしない。あからさまな偵察で牽制する作戦もあるが、標的を追うなら、秘密裡に情報収集したほうが結果は出やすいのだ。

　赤外線カメラや低照度カメラ、あるいは特定の電波の放出があったときにそれを識別する検知器があれば、たいてい気づか

[上]手製爆弾（IED）は地上部隊にとって重大な脅威だ。UAVは、IEDが埋設されるような不穏な地域を特定したり、IEDを埋めている反乱者を監視したりして、この脅威を軽減するのに役立つ。またIEDを処理している兵員に、周辺地域の敵にかんする警告を送るような、見張りの役目も務める。

れないまま集団の行動を監視できる。このことが意味するものは大きい。人里離れた場所にいる怪しい集団は、ただの遊牧民族の一団なのかもしれない。ヤギ飼いの可能性もある。取り調べのために地上部隊を送ったら、相手が中立か味方の立場であっても気分を害して、そうでなくても困難な政治情勢をさらにこじらせたりもするだろう。また人手を要するので、派遣部隊は移動中の待ち伏せや事故の危険にもさらされる。

　一定期間ひそかに監視すれば、不審な集団の行動の真実が明かされるだろう。ふたを開ければ、ただヤギの世話をしていただけなのかもしれないのだ。ただしそれでも、対象地域に観測者を置く必要はある。地上班が辺境の地まで到達するには時間がかかるだろう。航空機やヘリコプターは気づかれやすい。監視されていると勘づいた相手は、そこを立ち去るか行動を隠そうとするだろう。そうしたことを踏まえると、複数の検知装置を使った秘密監視が理想的になる。不審な集団は入念な工作をして、見た目にはヤギ飼いとして少しも不自然ではないかもしれないが、その居場所から防空レーダーの電波が発せられていて、定期的な無線の交信があるとなると、話はかなり違ってくる。

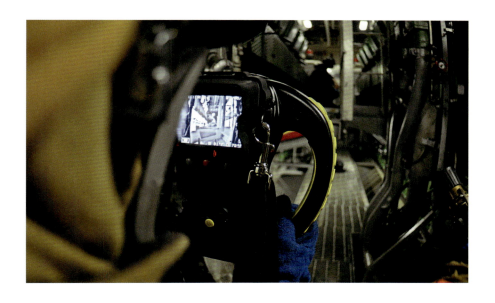

［上］携帯型の赤外線画像装置には、救助活動や損害評価などのさまざまな用途がある。赤外線カメラは肉眼で見えないものを写し、たいていの視覚的なごまかしやカムフラージュを見破ってしまう。ある車輌が、少し前にエンジンをスタートさせていた、あるいは走っていた、といったような有益な情報も提供できる。

巻添えの被害の防止

　近代戦にはもうひとつの次元がある。世論の操作と物事の真の姿を知る難しさである。局地的な紛争で、敵味方が悲劇的な出来事や残虐行為を互いのせいだとして非難しあうのは日常茶飯事で、事故の捏造などは当たり前のように行なわれている。西欧諸国の有権者の考えに影響をあたえるとしたら、航空攻撃や砲撃で殺害された一般市民の画像は効果的だ。ところがレンズが向けられなくなったとたんに「犠牲者」が起きあがって、シーンの演出がうまくいったと握手しあっていたとしても、撮影されたインパクトの効果は変わらない。

　演出だろうが現実だろうが、悲劇的出来事は海外の世論を左右するテコになる。選挙権をもつ国民の同情や航空攻撃の中止を求める声は、民主国家の戦略を揺るがしかねない。また現代の指揮官の大半はそのことを承知している。軍用車輌の残骸を写したセンセーショナルな画像は、紛争に今にも負けそうな印象をあたえるので、この場合も撤退を要求する世論が形成されたりする。反乱グループにとっては、敵をうち負かそうが撤退させようが、諸外国の圧力によって、敵を交渉のテーブルにつけようが、

関係ない。戦いに勝つためにどのような方法をとったとしても、問題になるのはその結果どうなるかなのだ。

このように複雑化した4次元の戦闘空間で活動する兵員は、たとえ弾丸が飛んできたとしても、標的を特定する慎重さと武力の行使を控えることをつねに要求される。敵が同国人のあいだから発砲してきても、巻添えの被害は避けなければならない。こうした状況では、使用が不適切になる武器が多い。

西欧の大衆にとって「局部攻撃」や「精密誘導兵器」は、聞きなれた言葉になっているので、無誘導の迫撃砲弾や一般的な砲弾にはそうした大衆を満足させる正確さはないかもしれない。しかも誘導兵器も問題を起こす確率は高いのだ。レーダーや熱探知で標的にロックオンしたミサイルは、高い精度で標的に命中するだろうが、それでも市民が爆発半径の中に迷いこんだり、標的が突然敵でないとわかったりしたときは、どうしても巻添えの被害を出してしまう。

その解決策として、視覚誘導のミサイルを提案する誘導兵器メーカーもいる。カメラを搭載して、人間のオペレーターにフィードバックするという仕組みである。衝突の1秒前まで、標的から兵器をそらす選択肢も、標的を変える選択肢もある。そうなるとほぼまち

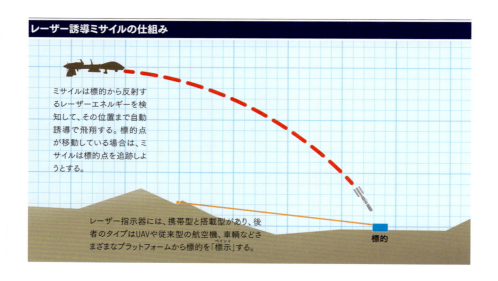

レーザー誘導ミサイルの仕組み

ミサイルは標的から反射するレーザーエネルギーを検知して、その位置まで自動誘導で飛翔する。標的点が移動している場合は、ミサイルは標的点を追跡しようとする。

レーザー指示器には、携帯型と搭載型があり、後者のタイプはUAVや従来型の航空機、車輌などさまざまなプラットフォームから標的を「標示(ペイント)」する。

標的

[右] UAVによる偵察で、武器の隠し場所も発見できる。写真はそうした武器庫の爆破の模様。またその際に提供された目標選定のデータから、精密誘導兵器による「スタンドオフ」攻撃も可能になる。そうなると、武装勢力は武器を撤去して隠す時間はないが、攻撃側の兵員は危険にさらさなくてすむ。

がいなく精度は上がるだろうが、それ以上に重要なのが攻撃中止が可能だということだ。

このようなコンセプトはここしばらく武器メーカーに注目されているが、まだ一部にしか認められていない発想なので、ちょっとした議論になっている。こうしたことは、ドローンの運用にもあてはまる。無人機の武装は法的、道徳的に許されるのか、という疑問が呈されているのだ。その核心部分では、ドローンを戦闘行為に直接関与させることの倫理的な是非が問われており、さまざまな見解が噴出している。

ドローン兵器

ドローン兵器を目の敵にする者は、ドローンをキラー・マシンの類いに見立てようとする。歪んだプログラムが興味を引かれるものを手当たり次第に攻撃しながら、見渡すかぎりを略奪しまわるロボットだというのだ。このように完全な自律性をもつ「戦争ロボット」を作るのは、浅はかなことだろう。幸い、このシナリオは現状とはかけ離れている。

自動化された兵器が使われるようになって久しい。ミサイルでも魚雷でも、標的にロックオンしたら誘導システムに導かれるまま

[上] ミサイル発射の判断をするのが、現場の人間だったら（この写真の場合はF–16戦闘機のパイロット）、ミサイルが実際には標的まで自動誘導で飛んでいるとしても、戦いの一形式だとして許容される。UAVで行なう同種の攻撃には、まだコンセンサスが得られていない。

に進んでいける。その段階になったら、人間のコントロールは効かなくなり（繰りかえすようだが、一部のメーカーは必要なら攻撃を中止できるように「マン・イン・ザ・ループ」の運用を強く推奨しているが、業界全体には浸透していない）、破壊任務は遂行される。自動化されている防空兵器は、標的が正しいIFF（敵味方識別）反応を返さず、あらかじめプログラムされた標的パラメーターに合致した場合は、攻撃を開始する。

だがそれでも荒れ狂う殺人マシンではなく、しばらく前から戦闘の一部として受けいれられている。人間がミサイルの発射や防空システムの起動を決定したあとは、オフラインにもできるし、必要に応じて発射しない判断をくだすこともできる。ミサイルや爆弾などの兵器を搭載しているドローンも同様に、例外なく人間によって操作されている。目標選定プロセスのデータも、オペレーターが入力しているのである。兵器と何ら変わりないドローンも少数ある。つまりミサイルと同じような役割を果たすので、道徳的には誘導ミサイルの類いとほとんど変わりがないのである。

倫理的には、兵器の発射を決定するドローンのオペレーターと、同じ決定をする航空機や沖合の船舶の乗員と、実質的な違いはないように思える。砲兵指揮官も同じ決定をして、同じく弾着す

る場所からは遠く離れている。ドローン兵器への道徳的反対論のひとつに、遠隔地にいるオペレーターは自分のしようとしていることの意味を実感できないので、ともすると「テレビ・ゲーム」的な感覚になって、殺害の判断を軽々しく行なうようになるのではないか、という懸念がある。

　こうした考えには、ドローンのオペレーターも自分がしていることと、その結果の重大さを重々承知している、という反論がぶつけられている。砲兵や艦砲の砲手、攻撃機の乗員の認識と何ら変わりない。一般的に、遠隔地にいたほうが暴力の行使をしやすいのは確かだ。だがもしそれが一番の反対理由だったとしたら、ある軍事思想家がいうように、「誰かが岩を投げることを思いついた瞬間に、われわれは道徳的に白とも黒ともつかない道を歩

［上］精密誘導兵器は、市民に接近している堅固な目標も叩くこともできる。2003年には、サダム・フセインの重要施設がこのように攻撃された。人々はこのレベルの精密性に慣れているために、狙いが外れると非難の声をあげる。

きだした」のである。

　人類の歴史をとおして、暴力が次第に離れた場所から行なわれるようになったことを認めるとしても、暴力の対象と距離を置くのが道徳的に許されなくなったのがいつなのか、その時期を特定するのは難しい。暴力は、自分の行為をその目で確かめられ

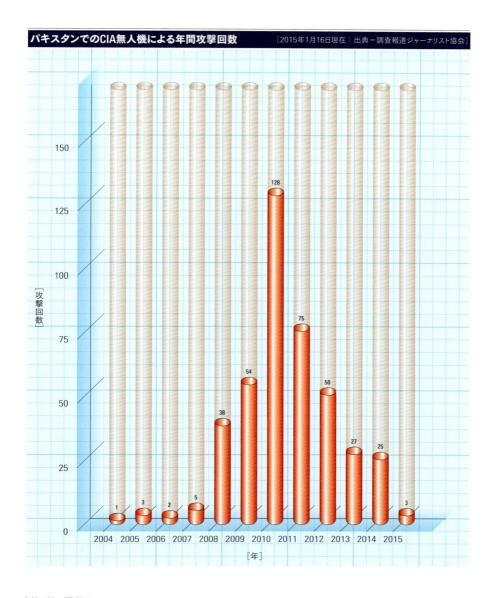

るときだけ、許されるのだろうか？　もしそうだとしてもドローンのオペレーターは、部隊に戦闘命令を出す指揮官よりも、また宣戦布告をしておいて誰かに戦わせる政治家よりも、道徳的にましな立場にいるだろう。

　おそらくそれより議論を深めるのに役立つであろう質問がある。ドローン火器システムに、どの程度の自律性をあたえるのが倫理に反さないか、という問いである。ドローンや航空機から指定された標的へ、爆弾の投下やミサイルの発射を決めるのは人間だ。特定の敵兵へのライフルの射撃を決めるのも人間である。どちらの状況でも、攻撃者は選択された特定の標的に対して、かなり直接的な攻撃をする決定をしているようである。またどちらも、攻撃を受ける側は、それ相応の確信をもって選択された標的であるように思われる。

［下］名称は恐ろしげだが、UAVのMQ-1プレデター［捕食者、略奪者の意］は、当初はあくまでも偵察用プラットフォームとして開発されていた。兵器の搭載能力はあとからつけ加えられたので、開発には相当の苦労があった。アメリカ軍はプレデターの偵察作戦については公に認めているが、戦闘作戦の情報は極秘扱いにしている。

　その一方で、ドローンにあらかじめ設定されたパラメーターに合致する標的すべてに攻撃するようプログラムして戦闘に送りこむなら、道徳的に未知の水域に迷いこむことになるだろう。そうなると攻撃するか見逃すかの判断は、機械に委ねられる。人間の選択は、プログラムを実装して標的のパラメーターを設定した時点で終わる。となると、誰かの殺害を決定するその瞬間に「マン・イン・ザ・ループ」はないことになる。こうしたことは行き過ぎだと異を唱える者は多い。時にはそれでうまく行く場合もあるだろう。だが条件に合った対象を探して破壊せよという命令とともに機械を送りだすことには、道徳的に問題がある。厳格に標的を選定するパラメーターなら、受けいれられるかもしれないが、それでも暴力を働く決定から人間をあまりにも排除しすぎているという見方は多い。

　つまり、ドローンの武装を道徳的な難題にしているのは、おそらく物理的な距離ではなく、最後に人間がかかわってから標的に攻撃がおよぶまでのあいだに、決定的判断をさしはさめる回数なのである。遠隔操作のドローンからでも他の発射台からでも、人間によって発射されたミサイルが、標的まで自律的にみずからを誘導するなら、人間が暴力行為に判断をわりこませる余地はない。ドローンが目標選定パラメーターをプログラムされていて、任務に送りだされ、条件に適合する標的を見つけて評価し攻撃を決定する場合は、人間とのやりとりが終わったあとに、最終決定がくだされている。その特定の標的に危害をあたえるという決定は、人間ではなく機械によってなされている。

　武装ドローンの道徳上の問題は、われわれが危害をくわえるのはたとえ敵であろうと同じ人間であり、われわれはその行為に責任をもつ義務がある、という根本的概念に行きつくだろう。ある人物が殺害の選択を迫られてそれを正当だと感じるのなら、その行為は既存の道徳の枠組みに収まっている。そうした判断を機械に任せるためには、われわれがまだよく理解もできていない新しい考え方が必要になる。

　もちろん、道徳との関連性がどうであろうと、この場合も法的

解釈は他の要素に左右されてブレるだろう。必要ゆえにしばしば倫理的にグレーの判断を後押ししたり、それと同様に道徳的に正当と認められる行為を、政治的理由から違法としたりする。ドローンの運用の合法性については、検討が始まったばかりだ。ただしドローンがじゅうぶん有用であるのは証明されているため、武装ドローンを不法とする強力な政治的理由でもないかぎり、使いつづけられる公算は大きい。

となると次は、武装ドローンにあたえる自律性のレベルとその行き過ぎへの懸念が大きな問題になりそうだ。

現代の戦闘空間へのドローンの統合

信頼性が高く軽量なコンピューターや通信機器が使えるようになったために、「ネットワーク中心の戦い」が実現する環境が整った。このネットワーク化モデルでは、情報は、端末同士が同等につながるピアツーピア方式で、関連する部隊間で共有される。部隊ごとにデータを「指揮系統の上」に伝送し、必要と考えられた部隊にそれをまた下達するのではない。

異なる指揮系統に属する部隊間の通信は元来、作戦行動のアキレス腱になりがちだった。異なる軍隊組織との統合作戦では、とくにその欠点が強く出た。陸軍の歩兵パトロール隊からの決定的な情報が、沖合で支援する海軍の軍艦に伝わるのに時間がかかったばかりに、チャンスを逃すこともある。

この手の問題の顕著な例が、1991年の湾岸戦争で起こっている。イラク軍のスカッド・ミサイルの可動式発射台を捜索していたときのことだ。地上チームは折りに触れて発射台の位置を報告していたが、それに対する航空攻撃が発動されるまでに何時間もかかっていた。これでチャンスはみすみす逃された。その原因となったのはたいてい、遅々として進まないデータ転送だった。

ネットワーク中心の戦いのモデルの場合は、ある地域に配備された全部隊がデータ共有ネットにつながれていて、互いに直接情報をやりとりできる。指揮レベルでは、現場で起こりつつあることについての詳細な絵を描ける。ひょっとすると、それは詳細すぎ

[上]無人機プレデターの離陸。翼が長く、レシプロエンジンを搭載するこの種のUAVは、いかにもきゃしゃな外観で性能も比較的劣るが、最近のジェット推進式のUAVは、場合によってはジェット戦闘機なみに弾丸のような発進をして、いきなり急旋回するような飛び方をする。

たりもするだろう。部隊にできることが見通せると、指揮官はつい細かいところまで口出ししたくなるものだ。しかしそうしたマイクロマネージメントが、やらずもがなのはいつの世も変わらない。

　ネットワーク中心の戦いの大きなメリットは、他の部隊の目とセンサーを活用できることにある。歩兵パトロール隊には、接近しているビルの反対側の様子はわからない。ところがネットワークにリンクされたドローンなら、その場所のリアルタイム映像を送れるのだ。おかげで待ち伏せに遭う確率は下がり、地上部隊が装備している火器を使用する際も圧倒的に有利な攻め方ができる。また、航空機などの航空戦力の支援火器の投入にも役立てられる。

　地上部隊はたいてい、規模はかなり小さくても重要な役割を担える。こうした部隊にもネットワークにつながる恩恵はある。たとえば敵の装甲車輌が遮蔽物から突然姿を現したら、味方の戦車の乗員はそれを発見し標的として捕捉して、交戦の決定をくだしたうえで火器を発射しなければならない。もし別のプラットフォームから敵車輌の接近を警告されていたら、このプロセスはいくらか短縮される。

　味方の戦車の指揮官が、敵車輌を観察しているドローンのよう

なプラットフォームからのライブ映像を見ていたら、このプロセスはさらに短くなる。この場合指揮官は敵車輛の現在位置や射界に現れるタイミングを正確に把握しているので、先手を打って敵車輛が出てきた瞬間に砲撃できる。それにより敵に反撃する余裕はないので、圧倒的に有利な立場になれる。

ドローンは大きさと性能によって、ネットワーク中心の戦いのモデルのさまざまなレベルにあてはまる。航続時間の長い偵察ドローンは、複数のセンサー装置を搭載しているだろうから、カメラや赤外線画像装置、レーダーなどを使って、戦闘空間やその周辺地域を監視しながら「全体像」を作りあげられる。戦闘地域に近づくと、今度はそれより小型のドローンが戦術的任務に割り当てられる。たとえば砲撃や空中武器による攻撃後の偵察、スナイパーの発見、全般的状況の戦術偵察などである。

ネットワーク中心の戦いでは、必要な通信機器が整っていれば、異なる軍隊組織に所属する部隊のあいだでも緊密な連携がとれる。多くの場合、それは民間のノートパソコンやタブレットの堅牢化バージョンで、複雑さはさほど変わらない。端末間で通信を行なうためのプロトコル（通信規約）が設けられてから、もう何年も

［下］1991年の湾岸戦争でイラク軍は、スカッド・ミサイルをイスラエル国内に撃ちこんだ。イスラエルを参戦させてやるという脅しで、連合国側の政治的混乱を謀ったのである。これに対抗するために、ミサイルの移動式発射台を発見して破壊しようとする試みや、飛翔するミサイルの迎撃などが行なわれたが、どちらもあまり成果は出なかった。

[上]単独で活動するM1エイブラムズ主力戦車も強大な戦力だが、ネットワークにつながることでその性能は大幅に増強される。航空機やUAVによる偵察データから、戦車長は、「稜線の背後」の敵の様子をうかがえるので、敵を迎え撃つ際に、最大限の打撃をあたえる場所に戦闘力を向けられる。

経っており、この仕組みは商業的用途にくわえて軍でも利用されている。

かつて情報と命令は、指揮系統の上から、敵とじかにぶつかる兵士に下達されていた。もっとも昔から、前線にいる者がなすべきことを知る最善の位置にいる、と考えていた軍もあったが。後者の場合は、小部隊のリーダーが全体の戦力を前に「引っぱる」形になり、戦闘作戦のモデルは多少異なってくる。その背景には、現場の下級指揮官はチャンスと見たらすぐさまそれにもとづいた行動をとれるし、そうした行動を知らせることによって、上官も現場の要求に応じた戦闘の支援や援軍の派遣ができる、という考え方がある。

そのため攻勢も戦場機動も遠方の指揮官の発案ではなく、低レベルで生じるので、上級指揮官はすでに起こっていることを支援するために、増援部隊に資源や補給物資を新たに割り当てることになるだろう。こういった方式もある程度成功しているが、責

[左]スカッド・ミサイルの移動起立式発射台。移動発射部隊の位置特定で、その後の作戦がつまづくこともある。ミサイルの位置情報の伝達は一刻を争う。ミサイルが移動する前に攻撃しなければ、チャンスは無駄になってしまう。1991年の湾岸戦争では、そうした失敗が日常的に繰り返されていた。

任者たる上級指揮官は戦闘作戦の全権を委任されるのに慣れているので、疑念をさしはさむ者も中にはいる。

「司令部から命じられる」のではなく、「前線に引っぱられる」戦いのモデルでは、下級指揮官に高度な技能と責任ある決断が求められる。そのためうまく機能するのは、下級指揮官に柔軟性のある考え方と素早い行動が可能で、しかもその命令を実行する部隊の練度と結束力が高いときだけにかぎられる。ネットワーク中心の戦いへの移行で、こうした責務が楽になるわけではないが、指揮官は必要な情報をネットワークからタイミングよく取得できるよ

うになる。中央の情報源からの提供やアクセスが可能になるのを待たなくてよいのだ。

　ドローンはこの情報時代の戦争モデルでは、偵察プラットフォームとしてわかりやすい役割を演じているが、その用途は偵察にとどまらない。ドローンは、交信不能な場所で通信を中継できるし、搭載した特殊センサーを、指揮官がクローズアップして見たい対象に向けられる。信号検出器やレーダーは、どんな時でも手近にあれば役立つとしても、それを携行する歩兵部隊はあまりない。だがドローンなら必要に応じて支援に向かわせられる。有人機とくらべると、利用のしやすさでもはるかに勝っている。有人機は

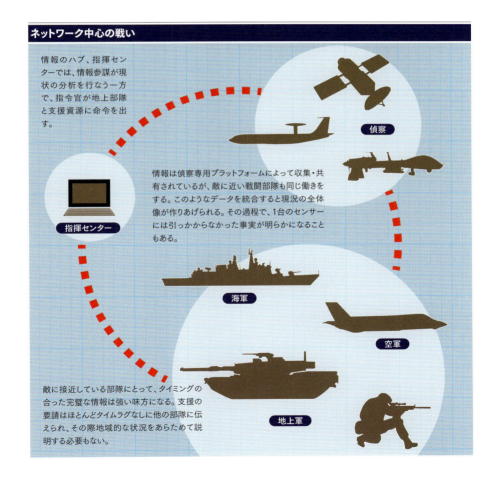

ネットワーク中心の戦い

情報のハブ、指揮センターでは、情報参謀が現状の分析を行なう一方で、指令官が地上部隊と支援資源に命令を出す。

指揮センター

情報は偵察専用プラットフォームによって収集・共有されているが、敵に近い戦闘部隊も同じ働きをする。このようなデータを統合すると現況の全体像が作りあげられる。その過程で、1台のセンサーには引っかからなかった事実が明らかになることもある。

偵察

海軍

空軍

地上軍

敵に接近している部隊にとって、タイミングの合った完璧な情報は強い味方になる。支援の要請はほとんどタイムラグなしに他の部隊に伝えられ、その際地域的な状況をあらためて説明する必要もない。

費用が莫大にかかるし、しかも基地から発進して戦闘区域まで向かわなければならないからだ。

　むろん重量のある航空機が利用不能なときは、ドローンも兵器を搭載して空中支援発射台の役割を果たすこともある。使用できる火器の数量は多くないものの、ミサイルや爆弾を誘導して敵の掩蔽壕を正確に爆破すれば、不要な犠牲者は出さなくてすむ。あるいは、装甲車輌による支援といった他の方法をとると、障害物の除去のために停止せざるをえないような場面でも、ドローンなら行く手を阻まれるようなことはない。

　ドローンはたとえ複雑なセンサー・プラットフォームのネットワー

［上］スイッチブレード（Switchblade）は、真の兵器といえる数少ないUAVのひとつだ。自動誘導の弾頭との違いがあまりないので、ミサイルか同種の兵器とも考えられるが、一般的にはドローンに分類されている。このタイプの兵器についてはまだ異論があるが、地上部隊の戦闘力を高めるのはまちがいない。

［右］発射直後のトライデント・ミサイル。航続時間の長いUAVなら、弾道ミサイル発射時のプルーム（噴射排気）を監視して、可能なかぎり遅滞なく警告を発する、もしくは発射されていない事実を確認する、といった役割を果たせるかもしれない。

クがなくても、地上部隊に局地的なメリットをもたらせる。小型ドローンはバックパックに入れて運べるし、必要とあらば手投げでも発進できる。そんなに手軽なのに地上の指揮官は、自軍の周囲の状況が見えるくらいの高度まで、監視の目を飛ばせるのだ。

この場合は偵察を目的に使用できる。具体的にはある地域に移動してきた部隊が、ドローンに偵察させてから先に進む、あるいはもっと直接的に戦闘を支援させる、といった利用の仕方になる。ドローンを使用すれば、予想外に敵と接触するリスクを冒さずに、敵軍の現在位置を知ることができる。あるいは、迫撃砲中隊や砲兵射撃観測者［砲撃の弾着を観測する者］のような敵の支援陣地も、大きなリスクにさらされる生身の人間にかわって、標定することが可能になる。

海軍でのドローンの役割

ドローンは海上でも車列を防護する際も、利用価値が高い。後者のために四六時中空中監視をするのは必ずしも可能ではな

い。使える航空機もヘリも数はかぎられている。イラクでの経験から、航空支援は待ち伏せ攻撃の回避やその対処にきわめて有効であることがわかっている。2003年のイラク戦争では主要な補給路でとくに、待ち伏せ攻撃に遭遇することが多かった。小型で安価なドローンを飛ばせば、行く手を監視して攻撃の可能性を察知できる。また安いだけに、監視をほとんど途切れることなく維持できるだけの数をそろえられる。

海上でも同様に、ドローンの小サイズと低コストはメリットになる。軍艦の甲板の広さや上部構造の重量はかぎられるので、優先されるのはどうしても戦闘システムになる。そのため、フリゲートなど小型の軍艦が搭載しているのは、通常ヘリコプター1機だけになる。ヘリは救難やミサイル誘導、対潜作戦に欠かせないが、艦上の搭載スペースが狭ければ用途を絞るしかない。それよりも小型のドローンなら、はるかに多くの数をそろえられる。

海軍でドローンが果たすもっとも基本的な役割は偵察だろう。大海原は広大だが、実をいうと水平線はそれほど遠くにあるわけ

海上のドローン

地球は球形であるため、母船のレーダーで水平線の向こうの船舶をとらえることはできない。高いマストのてっぺんにレーダーアンテナをつければ、探知距離はのびるが、それでも限界はある。

ドローンが遠隔レーダー・プラットフォームになると、アンテナを船上よりはるか上空の、母船から離れた場所に移動できる。これで探知距離が著しくのびると同時に、母船を反撃から守ることができる。

敵の船舶はドローンからのレーダー照射を検知するかもしれないが、それはミサイルで母船を狙う射撃計算の手がかりにはならない。敵の乗員は、母船の正確な位置も、ドローンを飛ばしている船の種類すらも知ることはできない。

［上］ヘリコプターは狭い発着デッキに着艦できるので、海軍作戦に適していることが実証されている。MQ-8ファイアスカウト（Fire Scout）は、既存のヘリの機体を改造して、完全自動操縦を実現している。偵察やレーダー監視など、有人ヘリの機能のほとんどをカバーしている。

ではない。軍艦のレーダーはそこまでしか「見えない」［実際には光学的水平線よりやや遠くまで探知できる］。そのため航空攻撃やミサイル攻撃を事前に警告しようにも限界があり、軍艦が捜索する水上の標的などへの探知距離も短くなる。救難の対象は遭難船かもしれない。海水位での捜索は、生存者の残り時間よりもはるかに長くかかることもある。

　その点海上で、ドローンにレーダーかパッシブ方式のレーダー探知機を積んで、任務部隊の頭上に飛ばせば、探知距離をのばすことができる。また、アクティブ方式のレーダーの発信位置を任務部隊から遠ざけることも可能になる。時にはそれが大きな意味をもつ。海軍の部隊はレーダーのスイッチを入れたとたんに、敵に探知されるケースがもっとも多いからだ。ドローンをレーザー・プラットフォームにすれば、探知は妨げられないが、母船の現在位置をごまかせる。

　ドローンは水域の捜索や不審船の調査にさし向けることもできる。軍艦が追跡しなくても、遠方から標的に「見張り」をつけられ

るのだ。足の速い軍艦でさえ、レーダー上の標的に視認できるまで接近するためには時間がかかる。航空機ならその時間を大幅に短縮するので、接触した標的に問題がなければ、軍艦はそのあいだに他の任務に移れる。ということは、もし接触したのが敵であれば、敵が最初に破壊しようとするのは、無人で使い捨てても惜しくないドローンである確率が高いということになる。

　航空機とヘリの海戦での用途はもうひとつある。ミサイルの中間誘導だ。海軍兵器は射程が長いが、目標選定のためのデータが必要だ。そこにあるかどうかわからない物に向かって攻撃はできない。海戦でカギを握る原則がある。「攻撃は先制で効果的に」、つまり敵にやられる前に敵とその船舶を無力化する、それがもし敵に気づかれる前だったらさらによい、ということだ。小型で目立ちにくいドローンならこの基準にぴったり合うだろう。探知されずに敵の船舶を発見してミサイルを誘導すれば、敵に反撃のチャンスもあたえない。攻撃が向かっているのに敵が気づいたとしても、反撃しようにも目標選定データが皆無なので、なす術もなく撃破されるだろう。

　ドローンみずからが攻撃を仕掛けることも可能だろう。航空母艦や揚陸艦、ヘリ空母によって運用される飛行隊は、武装攻撃ドローンによって強化されるか、ことによったらとって代わられるかもしれない。そうなれば空母は小型化できるようになるし、ドローン航空隊は規模を大幅に拡張できる。ただし、対艦ミサイルを搭載するためにはドローンの大型化が必要になるので、そうなると一般航空機と交替する意味がなくなってしまう。

吊りさげ式ソナー

　ドローンは将来、対潜プラットフォームとして役立つ日が来るかもしれない。水上艦艇に潜水艦狩りをさせるときは、その船を標的からの魚雷の射程内に接近させなければならないことが問題になる。この状況で有利なのは、どちらでも先に相手を検知した側になる。そして一般的にいえば、ここでは潜水艦のほうが分がある。ヘリはよく「吊りさげ式ソナー」とともに使われる。このソナー

はホバリングしながら海中に下ろされる。

　吊りさげ式ソナーの長所は、潜航している潜水艦には余程のことがないかぎりヘリを検知できないことにある。ヘリは追跡しても気づかれにくいため、魚雷を落とすなどして不意打ちの攻撃をかけられる。こうした役割を果たせるドローンは、かなり大型でなくてはならない。ただし乗員をひとりも乗せなくてよいので、この場合も普通機にくらべれば、小型で安価で軽量になるだろう。そうなれば小型の軍艦に多数の対潜ドローンを乗せることも可能になる。ただし、このような機能はまだ実装されていない。

　ドローン戦闘機については、長いあいだ議論が戦わされてきた。1970年代には、有人機の時代は確実に終わると予言されていた。従来の戦闘機が少なくともある一定の割合で、ミサイルと無人戦闘機に置き換えられるのではないかと考えられたのだ。ドローン戦闘機には、当然利点がある。有人の戦闘機よりはるかに小型で安価になるだろうし、パイロットや乗員が耐えられるGの大きさに配慮して、空中戦機動を抑える必要もなくなる。ただし今のと

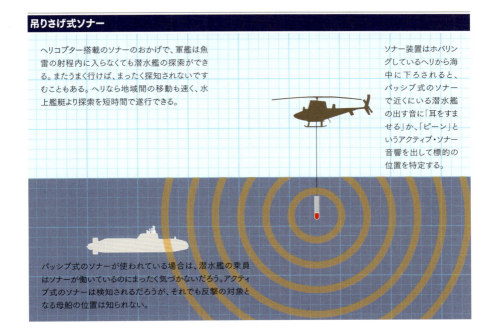

吊りさげ式ソナー

ヘリコプター搭載のソナーのおかげで、軍艦は魚雷の射程内に入らなくても潜水艦の探索ができる。またうまく行けば、まったく探知されないですむこともある。ヘリなら地域間の移動も速く、水上艦艇より探索を短時間で遂行できる。

ソナー装置はホバリングしているヘリから海中に下ろされると、パッシブ式のソナーで近くにいる潜水艦の出す音に「耳をすませる」か、「ピーン」というアクティブ・ソナー音響を出して標的の位置を特定する。

パッシブ式のソナーが使われている場合は、潜水艦の乗員はソナーが働いているのにまったく気づかないだろう。アクティブ式のソナーは検知されるだろうが、それでも反撃の対象となる母船の位置は知られない。

[上] 吊りさげ式ソナーを搭載する従来型のヘリは、航空母艦をはじめとする多くの軍艦に艦載されている。ドローンのヘリは場所をとらないので、同じスペースでも配備する機体数を増やせるし、他の航空機やUAVを積む余裕も生まれる。あるいはドローンは乗員を必要としないのでその分燃料を積んで、滞空時間を延長できる。

ころは、ドローン戦闘機というのは出現していない。

　空対空兵器を搭載できるドローンもあるが、そうしたものは地上の兵器の改造版で、ヘリのような機動力の劣った標的への使用に適している。高G機動をするドローン戦闘機は、たとえ可能だとしても実現にはほど遠い。またすでに述べたように、このような機械を作るのは倫理的に許されるのか、という疑問がつねにつきまとう。戦闘機ドローンが戦果を出すためには、みずからが戦闘の判断をくだす必要がある。地上からのコントロールは可能だ。だが、コックピットにすわっていないオペレーターは航空機の挙動を五感でとらえられないことにより、どうしても戦闘では後手にまわる、とパイロットの多くは考えている。

ここしばらくドローンの役回りが、支援の一形態の提供と、もっぱら偵察データの収集にとどまっているのはそのためだ。それでもすでに、さまざまな用途で大きな成功を収めているので、ドローンの役割は確実に広がるだろうと思われる。ドローンが戦闘の支援システムにとどまらずに、決定的戦力になってゆくかどうかは、今後を見守るしかない。ただしドローンにはすでに、敵部隊を降伏させた実績がある。

1991年にペルシヤ湾のファイラカ島を防衛していたイラク軍は、米海軍の爆撃後に最初に現れた多国籍軍の隊に白旗を掲げた。がそれは、攻撃後の偵察に送られた無人機RQ-2パイオニア（Pioneer）だった。このドローンは兵器を搭載できず、玩具の飛行機の兄貴分のような外見だったが、それでも敵の兵士は、降伏の意図をわかってもらえれば、それ以上の空爆を避けられると思ったようだ。設計者は、このような事態になるとは予想もしていなかったろう。だからドローンのテクノロジーが円熟して現代の戦闘空間でさらに普及すれば、もう2、3度驚くような出来事は起こりそう

［下］ピューマ（Puma）のような小型ドローンは、航続距離もペイロードもかぎられているが、それでも多くの役割をこなせる。軍艦にとって、不審船に近づかなくても「見張り」(アイボール)ができる能力は貴重だ。水陸両用作戦を展開する船舶にとっても、陸上の状況を監視できる能力は、それと同じくらい有益である。

な予感がする。

軍用ドローンの装備と兵器

　ドローンに搭載されている装置の中には、民間でも商用でもさまざまな用途があるものがある。とくにカメラは多角的な役割をこなすし、レーダーのようなきわめて特殊な機器でさえも、地図作製や環境監視、救難活動に役立てられる。装置によっては、隠密の情報収集などといった、軍事または戦略的役割での使い道しかないものもある。低視認テクノロジー、通称「ステルス」もそのひとつである。

　ドローンが見えなくなる装置を搭載する日も来るかもしれないが、

救難

どのようなタイプのヘリでも救難の役割を果たせるが、回転翼ドローンは有人ヘリより小型で低価格であるため、利用する機関が増えて対象とする範囲も広がる。

地上の捜索隊が到達するのに時間がかかり、隊員への2次被害がありえる地域も、ヘリなら捜索が可能であるばかりか捜索の効率をあげられる。関係者全員の危険性も低下する。

ドローンのヘリが地上ステーションの誘導を受けて飛んでいるあいだ、救助隊は待機するか、遭難者がいると思われる場所への移動を開始する。

ドローンは、可視光のカメラ以外にも赤外線画像装置といったセンサー類も搭載しているだろう。それによりMk1アイボール、つまり肉眼では見落とすようなものも見えてくる。

現時点のテクノロジーはむしろ、検知しにくくする方法を採用している。その意味は大きく異なる。既存のテクノロジーではドローンを「覆い隠す」ことはできない。だから人や検知器が近づけば発見されるはずである。そこで低視認テクノロジーは、検知距離が大幅に縮まるように、検出のされやすさを低下させる。ドローンが検知器や観測者のすぐそばを通過する確率はきわめて低いため、ステルス性があれば、もっと目立ちやすい航空機がすぐさま目にとまるような場所でも活動できるだろう。

　ドローンを含めた航空機の検知の手がかりになるのは、さまざまな種類の「シグネチャ」である。シグネチャが大きければ大きいほど、遠くからでも航空機を検知できるし、全体像が明確になる。シグネチャには、可視光、熱、音響、電磁波の他にレーダー反射断面積などがある。

　ドローンの可視光シグネチャは、肉眼や従来型のカメラでの発見されやすさを決定する。小型であるのはこの場合有利に働く。大型のドローンは、超小型のものより目につきやすい。色彩についても同じことがいえる。薄灰色のドローンは、曇り空をバックにすると黒や赤のドローンより見えにくいが、どの色がもっとも「ステルス性」が高いかは、局地的条件や、観察者がドローンを見上げているか見下ろしているかで変わってくる。戦闘用航空機は低空飛行を想定しており、その上側の色はたいてい底部とは違った濃淡で、地面の色に溶けこみやすくなっている。ドローンの多くはかなりの低空を飛ぶので、上から見られる確率が高い。

　動きもひとつの要素になる。ホバリングや急な方向転換、あるいはぎくしゃくした動きをする物よりも、自然に飛んでいる物は無視されやすい。もっともホバリングで特定の背景にドローンを紛れこませることはできるが。ある一定の距離を超えると、並木や丘の斜面の前でホバリングしているドローンやヘリは、目を凝らしても見分けにくくなる。ところがドローンがふたたび動きはじめると、だいたいすぐに目にとまるのだ。

　熱シグネチャは放射される熱の量によって変わり、赤外線が見える装置があるときだけ意味がある。肉眼で熱放射をとらえられ

るのは、陽炎が立っているか本当に炎をあげているときだけで、もしドローンが炎を出しているとしたら、すでに大変なトラブルに陥っていることになる。電動モーターで動く小型ドローンの熱シグネチャはほんのわずかしか出ないが、大型化して、とくに燃焼エンジンやジェット・エンジンを積んでいるドローンは、くっきりと見える熱を放出している。

対空兵器には熱放射にホーミングするものもあるが、ほとんどのドローンは照準を定められるほどの熱を放射しておらず、ミサイルを使うほどの価値もない。熱を大量に発生するタイプは、デザ

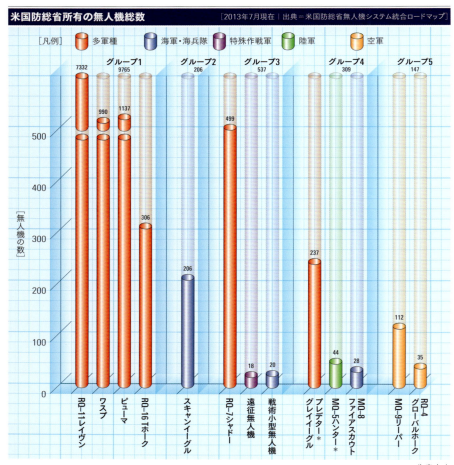

[右上] RQ-2パイオニア（Pioneer）UAVは当初軍艦に配備されていたが、その性能はさまざまな環境の偵察に対応している。従来型の航空機のように滑走路から離陸もできるし、飛行機射出機（カタパルト）からも発射できる。海軍モデルは離陸滑走距離の短縮のために、ロケット補助推進離陸をする。

[右下] スカイライト（SkyLite）UAVは、翼を折りたたんだまま発射筒兼用容器（キャニスター）から発射できる。キャニスターを抜けたとたんに翼が広がって、飛行時の形になる。航続距離の短いドローンで、航続時間は1時間程度。局地的な偵察や地上部隊の状況判断を助けるUAVとして開発された。

インの工夫で遮蔽ができる。たとえばエンジンを水平尾翼より上に設置すれば、たいていの観察者はドローンの下から眺めているだろうから、超高温のジェット排気がそれよりも低温の尾翼の表面に遮られる。また先進的なエンジンは従来のモデルにくらべて、排気温が低く排熱効率もよくなっているので、熱シグネチャが減少している。

音響シグネチャは、ドローンがたてる音の大きさを表す。電動のドローンはほとんど無音だが、プロペラが小さな音をたてるので近くに来ればわかる。燃焼エンジンを使用するドローンは音が

[左]スカイレンジャー（SkyRanger）のような回転翼ドローンは、ごく狭い空間でも飛行できるので、通りぬけられる開口部があれば建物に侵入できる。ホバリングが可能なため、センサーの搭載プラットフォームとしても非常に安定している。そのかわり空中に浮かんでいるために高出力を要するので、その分稼働時間は短くなる。

うるさい。ただしテクノロジーが進歩して、静かなエンジンも開発されている。初期のドローンの中には、空飛ぶ芝刈り機のような音をたてて、いささか存在をアピールしがちなものもあった。

　電磁波シグネチャは、ドローンからアクティブに放出される電波の量を反映する。無線信号、レーザー照射といったものはすべて、相応の器材を使えばかなり遠方からでも検知できる。それに対抗するためには、可能なら照射を低出力にしたり、送信を最低限に抑えたりする。ここ数年で開発された低捕捉性（LPI）レーダー装置は、ドローンなどの搭載プラットフォームの位置を露呈することなく、アクティブ・レーダーを使用できる。

　無線の中継やアクティブ・ジャマー（電子・電波妨害機）を使って電子戦を展開している場合は、電磁波の放射量を低減させるのは不可能だ。こうした公然と行なわれる活動はたいてい探知が容易だが、ほとんどの例では、ドローンの電磁波シグネチャを最少限にとどめる工夫ができる。

　レーダー反射断面積は、航空機やドローンがレーダーにどの程度感知されやすいかを表す。小型ならそのままサイズを反映して極小のレーダー反射断面積になるが、他にも考慮すべき要素はある。レーダー信号などの電磁放射を反射する物質には、ほとんど金属が含まれる。セラミックや炭素繊維、木材のような自然素材を多用すれば、金属中心の構造にするより、ドローンのレー

ダー反射断面積は小さくなるだろう。

　とがった角や大きな平面もレーダーのエネルギーを非常によく反射し、そうした反射が検知器に引っかかる。そこでドローンにステルス性をもたせるために、外観を曲線的にして、レーダーのエネルギーを拡散させるような、屈折率の高い素材を使う試みがなされている。これで検知器への直接反射が抑えらえる。むろん検知される確率がゼロになるわけではないが、検知器に捕捉されるエネルギー量は確実に減少するので、かなり接近しなければ検知と追跡は難しくなる。

ステルス・ドローン

　こうしたテクノロジーがすべて統合されて、検知と追跡がしにくいドローンが誕生する。ステルス・ドローンの用途は広い。探知されないドローンが攻撃されないのは当然だが、敵が監視に気づかないことが重要な時もある。ステルス・ドローンなら、検知されれば国際問題になりかねないような地域や、ただ単に有人機で活動するのが危険すぎる場所でも、偵察を遂行できる。

［下］コラックス（Corax、またはレイヴンRaven）UAVは、「ステルス無人機」と呼ばれている。低視認テクノロジーを採用して、見るからに偵察・監視に適した設計になっている。ただし目撃者が指摘するように、翼をつけ換えれば、高速の侵攻機や攻撃機に改造できそうな形状でもある。

ステルス仕様が意味をもつのは、主に大型のドローンだ。小型の手投げタイプは、姿を直接見られなければ発見の可能性は低いし、小型なだけに目にもとまりにくい。ステルス仕様は、必ずしも空力学的な設計でなくコストパフォーマンスもよいとはかぎらないので、たとえ効果があるとしても、小型ドローンにはステルス技術は使えないことが多い。

ミサイルと爆弾

　平均的なドローンと比較すると、ミサイルははるかに大きく重い。そのためそれを持ちあげるパワーのある大型のモデルにしか搭載できない。AGM-114ヘルファイア・ミサイルは、ドローンのプレデターやリーパーをはじめ、さまざまなプラットフォームに配備できる。精密誘導兵器として開発され、移動する戦車や規模の小さな掩蔽壕といった標的に、ヘリなどのプラットフォームから発射される。

　ヘルファイアのほとんどの派生型がレーザー誘導になっていて、指示器が標的を外さないかぎり、高い命中率を実現する。セミアクティブ誘導兵器がすべてそうであるように、このミサイルからはレーダーのような電波の照射はない。またレーザーは検知されにくいので、標的に着弾寸前で逃れられる確率は低くなる。ただしレーザーは、煙やもやを貫通できない。レーダー誘導のモデルも実用化されているが、ドローンには搭載されていない。これからのモデルは、レーダーなどの誘導システムを含む、マルチモードの目標追尾センサーを搭載できるようになるだろう。

　ヘルファイア・ミサイルは、任務の性質に応じて多様な弾頭を装着できる。初期バージョンは、対戦車ミサイルとしての用途が考えられていたが、現代の戦闘空間ではそれ以外の標的を攻撃できる能力も望まれている。対戦車弾頭は、厚い装甲を貫通するために爆発エネルギーを1点に集中させる。だが他の標的なら、異なる効果をもつ弾頭が必要になるだろう。人間など「軟目標(ソフト・ターゲット)」に対して使うときは、爆発半径がもっと大きいほうがよい。貫通力は弱まるが、その分殺傷範囲は広くなる。ヘルファイアを参考

[上] GM-114ヘルファイア・ミサイルは、戦闘ヘリに搭載する対戦車兵器として開発された。レーザー誘導でピンポイントの正確さを実現しているので、攻撃対象になる標的は幅広い。ヘルファイアは、武装勢力の重要人物の「空からの暗殺」に使用されている。

にして開発されたブリムストーン・ミサイルは、レーザーとレーダーの両方での誘導が可能なマルチモード・シーカーを搭載している。複数の誘導モードがあるので、妨害には一段と強くなっている。レーダーは、レーザーを妨げる煙を突き通して見ることができるし、レーザーは電子的な妨害に強い。ブリムストーン・ミサイルは、MQ–9リーパーからの発射に成功しており、地上で高速で動く標的にも命中できる実力を見せている。

　現代の戦闘環境では、小型で安価だが精密な兵器が、非常に重要な役割を果たすようになっている。AGM–176グリフィン・ミサイルは、そうした環境に対応するために開発された。たとえばコストが低く抑えられているのは、ジャヴェリン対戦車ミサイルやサイドワインダー空対空ミサイルといった、既存の火器から部品を転用しているからである。グリフィンは輸送機、ヘリ、車輌はもちろん、MQ–9リーパーのようなUAVなど、さまざまなプラットフォームから発射できる。

　AGM–176グリフィン・ミサイルの弾頭は小さいが、精度の高さと、最近のモデルでは幅広い標的に使用できる多目的弾頭（マルチエフェクト）が

MQ-9リーパー（Reaper）からのレーザー誘導ミサイル発射

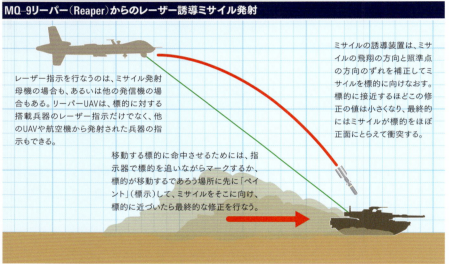

レーザー指示を行なうのは、ミサイル発射母機の場合も、あるいは他の発信機の場合もある。リーパーUAVは、標的に対する搭載兵器のレーザー指示だけでなく、他のUAVや航空機から発射された兵器の指示もできる。

ミサイルの誘導装置は、ミサイルの飛翔の方向と照準点の方向のずれを補正してミサイルを標的に向けなおす。標的に接近するほどこの修正の値は小さくなり、最終的にはミサイルが標的をほぼ正面にとらえて衝突する。

移動する標的に命中させるためには、指示器で標的を追いながらマークするか、標的が移動するであろう場所に先に「ペイント」（標示）して、ミサイルをそこに向け、標的に近づいたら最終的な修正を行なう。

　それを埋めあわせている。レーザーと赤外線探知のデュアル・モードでの誘導が可能で、大型のヘルファイア・ミサイルに匹敵する射程がある。

　空対空ミサイルもすでに、プレデターを筆頭とするドローンに搭載されている。イラクで活動するプレデターの防御兵器には、定評のあるFIM–92スティンガー・ミサイルが選ばれた。スティンガーは軽量なのが好都合だったし、ヘリから歩兵の肩までさまざまな

［左］ブリムストーン・ミサイルは、AGM–114ヘルファイアをもとに開発が始まったが、ほぼ全面的な設計変更がくわえられた。もともとはハリアー攻撃機のような航空機と組みあわせる予定だったが、英軍ではハリアーの運用は終了してしまった。ただしブリムストーンは、さまざまな発射母機に装備できる。

プラットフォームから発射されて、変わらぬ威力を発揮していた。

スティンガー・ミサイル

　スティンガーは射程の短いミサイルで、赤外線ホーミングで追尾して標的を攻撃する。撃ちっぱなしのミサイルなので、ドローンのテクノロジーにすんなりと組みこまれた。標的に狙いを定めてスイッチを入れたあとは、ドローンから標的についての情報をあたえる必要はない。ただし敵戦闘員への攻撃は苦手だった。また敵機を撃墜できる対空プラットフォームを製作するためには、高速機動で発射位置につけるドローンを用意しなければならないだろう。だが現在それは可能ではない。

　それでもドローンから空対空ミサイルを発射できる望みはある。ヘリ、敵の大型ドローン、輸送機のような低速の航空機は、ドローンから発射されたスティンガーでもおそらく撃破できるだろう。敵の航空作戦を「スティンガー待ち伏せ」戦術の機動バージョンで、混乱に陥れられることもできそうだ。

　スティンガーで待ち伏せする際は、通常肩撃ち式のスティンガー・ミサイル（もしくは他の地対空火器）で武装した兵員を、航空機の飛行経路に待機させる。できるだけ空軍基地に近いほうがよいのは、航空機が離着陸するところを狙えるからだ。兵員を配置するためには、大変な労力を要しリスクを冒さなければならないが、重要目標を奇襲することも、高性能の戦闘機をかなりの確率で無力化することも可能になる。

　スティンガーのような軽量の対空ミサイルは、交戦エンベロープ［交戦できる速度、高度の範囲］が狭いので、高高度を飛ぶ航空機は対象外になる。またたいていの高速ジェットには機動性で劣るが、戦闘機が滑走路から飛びたったばかりで、対気速度があまり出ていない状態なら狙いやすい。そこでドローンを使うなら、地上から接近できないような地域でも、敵の航空機を襲撃できる。

　無人機のリーパーには、AIM–9サイドワインダー空対空ミサイルも搭載できる。これも定評のある火器システムで、1956年に就役して以来、たび重なる更新を経ている。サイドワインダーは

[左]AGM–176グリフィンは小型軽量のミサイルで、正確な攻撃が可能であるため、UAVへの搭載にもってこいである。弾頭が小型なのであたえる損害の規模は小さい。ただしそのことは、中立の人間や味方の部隊に近い位置に敵がいるときには、かえって好都合になる。

赤外線でもレーダーでも誘導が可能で、ヘリに搭載されて成功を収めてきた。そうした経験から、比較的性能の劣るプラットフォームに空対空ミサイルを載せる場合は、高速ジェットは狙わずに、同程度の速度の飛行体を標的にするほうが、攻撃が成功しやすいことがわかっている。それでも、サイドワインダーは、正面を含めてどのような要撃角からでも航空機にロックオンできるので、戦闘機に対しても少なくとも多少は通用する可能性がある。

　ドローンは爆弾も搭載できる。ただし搭載できる爆弾のサイズは、ドローンの揚荷能力の範囲内になる。リーパーはGBU–12ペイヴウェイIIレーザー誘導爆弾を搭載できる。ペイヴウェイの弾頭は227キロだ。戦闘用航空機に搭載する標準サイズからすると小型だが、ドローン攻撃で標的になるような対象はほぼまちがいなく粉砕できる。

　レーザー誘導は精度が高いため、弾頭が小さくても、無誘導爆弾を投下するよりはるかに効率がよい。用途によっては、小型の弾頭のほうが望ましいこともある。非戦闘員のすぐそばで、敵への精密攻撃や地上軍への近接支援をするときなどだ。今日の戦闘空間では、小型であればあるほどよい場合もある。

GBU–38爆弾

　GBU–38爆弾はGBU–12と同じく、227キロのMk82通常爆弾を弾体としている。ただしGBU–12とは違ってレーザー誘導ではなく、統合直撃弾（JDAM）誘導キットを取りつけて、発射後のGPS誘導を可能にしている。GPS誘導の精度はレーザー誘導にくらべるとやや落ちるが、GPSはレーザーを標的に照射する必要がない。投下後は、GPS信号が現在位置を示すだけで他の誘導は不要になる。

　大型の爆弾の中にもドローンで使用できるものがある。GBU–16ペイヴウェイIもそのひとつで、弾体に使用されている454キロのMk83汎用爆弾は、長年実戦で用いられている。攻撃機の兵装としてはあまりパッとしないが、大半の標的に対して破壊力を発揮する強力な兵器である。といってもむしろ近年は、重い爆弾を少なく用いるより、軽い爆弾を多く用いる傾向にあるのだが。

　近代戦で攻撃対象となる標的は、必ずしも巨大な弾頭を必要としないタイプになるので、とくにそれがいえる。少人数の武装グループや機関銃1挺で武装した非装甲の軽車輌に、454キロの爆弾をみまうのはもったいない。またこうした標的のすぐそばには、味方の部隊や一般市民がいるかもしれない。そうなれば巻添え

［右］スティンガー・ミサイルは、携帯式モデルで抜群の破壊力を実証ずみであり、スティンガーで武装したUAVの実験も行なわれている。それでも無人戦闘機は誕生していないが、自衛手段として、あるいはUAVと同じ空域にいる敵のヘリを攻撃するために、使用される可能性はある。

[左上]もともと地対空ミサイルであるスティンガーとは異なり、AIM-9サイドワインダーは空対空ミサイルとして開発された。サイドワインダーのその後の派生型は、「肩撃ち」も可能になり、発射台が標的に向いている必要はなくなった。サイドワインダーで武装したUAVは、理論上は哨戒する空域で敵機を待ち伏せて、すれ違いざまに攻撃することも可能になる。

[左下]GBU-12ペイヴウェイIIは重量227キロの爆弾で、レーザーで誘導、もしくは後のモデルではGPSで誘導される。このサイズの弾頭は大半の攻撃機で使用する最小クラスだが、比較的大型のUAVにとっては搭載できるギリギリの大きさになる。誘導が正確なので、この弾頭でもたいていの任務に不都合はない。

の被害を避ける意味でも、小型爆弾のほうが望ましくなる。

　GBU-39小直径爆弾の開発の背景には、以上のような理由と、航空機に搭載する弾薬の数を増やすという目的があった。はじめGBU-39はGPS誘導装置を装備していたが、その後赤外線ホーミング、レーダー、レーザーを利用したそれぞれの誘導方式と、この3方式を組みあわせたマルチモード・シーカーの取りつけが可能になった。GBU-39の重量110キロの弾頭は、どのような任務にもほぼ対応できる大きさである。小型で比較的軽量なので、ドローンからの投下にまさにうってつけである。

　弾体のGBU-44ヴァイパーストライク滑空爆弾は超小型で、弾頭の重量は1キロしかない。そのため破壊力はかぎられているが、それがよいか悪いかは状況による。大きな爆風効果が必要なら、

［上］GBU-12ペイヴウェイIIと同じく、GBU-38 JDAM爆弾も227キロのMk82通常爆弾を弾体としている。GPS誘導で、標的の近くに非戦闘員がいても使用できるほど精密な爆撃が可能になっている。GPSはレーザー誘導とくらべるとやや精度が劣るが、爆弾を投下したあとは手放しでいられる。

もっと重量のある爆弾が使える。ただ小さな標的の近距離に、傷つけてはならない人や設備が存在するために精密な攻撃をするような場合、このようなタイプの小型爆弾が使えるなら、ドローン運用に新たな可能性が広がっていくだろう。

ヴァイパーストライクが開発のベースとしたのは対戦車ミサイルである。このタイプの火器が装甲を貫くためには、当然のことながら、高い精度が要求される。タンデム弾頭にすることも可能で、炸薬を2段構えにしてたて続けに起爆させることにより、爆発反応装甲などもうち破れる。「近接危険」半径が50メートルというのは、ヴァイパーストライクを使用する際に、友軍が標的から50メートル離れていれば、危険には確実にさらされないということである。

ドローンから投下されたヴァイパーストライクは、GPSとレーザー指示の誘導で標的の1メートル以内に着弾する。標的に最大限の損傷をあたえる一方で、破片の飛散や爆風による損傷は抑えられる。市街地への攻撃では、弾着点から半径16メートルを超えた範囲に、まったく危害がおよばなかったという報告もある。

ドローンから投下される爆弾は、高速移動する航空機から落と

される場合ほど射程はのびない。それはドローンがたいてい低い高度で運用されているためでもあるし、急上昇しながら爆弾を標的に向かって「放り投げる」だけのスピードがないためでもある。それでもドローンから投下される弾薬には、航空機から落とされる場合に負けない精度と効果があるだろうし、必要になった場合にそなえてドローンを所定の地域に待機させておけば、有人機よりもはるかに短時間で離陸させられるのである。

その他の火器システム

　それ以外にも、将来ドローンに組みこまれそうな兵器システムはある。従来型の多連装ロケット弾ポッドは、長らくヘリや固定翼機からの対地攻撃で標準的な兵器だった。そのレーザー誘導バージョンもしばらく前から実用化されており、使用が許可されてますます多様な航空機に搭載されるようになっている。

　したがって誘導ロケット弾ポッドが、近い将来ドローンの火器システムにくわわる可能性もある。それに対し無誘導ロケット弾は、コストパフォーマンスがよいとはいえ、ドローンが運用されるほとんどの環境に向いていないだろう。無誘導ロケット弾は、基本的に大まかな狙いをつけて飛んでいくだけなので、何よりも面積のある地域を爆撃するのに向いている。大規模な戦闘なら戦況を変える効果もあるだろうが、ドローンを運用する際はたいてい巻添えの被害を避けるために、もっと正確な攻撃が必要になる。さらにドローンが搭載できる兵器の量はたかが知れているから、搭載できる兵器で最大限の効果を生むほうが望ましくなる。誘導で1基あたりのロケット弾の効率が向上するのだから、考慮に値するだろう。

　今後はドローンにガンポッドが取りつけられるようにもなるだろう。自己完結的なガンポッドは航空機に搭載されるため、ドローンでの運用のための改造は可能である。ドローンが翼の下に、火器を収められるポッドを下げていた、という目撃情報もある。ひょっとするとそれは燃料タンクだったのかもしれない。でなければ火器ではなく機材を搭載していたこともありえる。また火器だとした

[右]ヘリに搭載されるロケット弾が使われはじめてから数十年が経つが、最近までその精度はあまりよくなかった。レーザー誘導をくわえたおかげで、それまではむやみに撃っていたのが、特定の標的が動いていても攻撃可能になった。

ら、同じ確率でミサイルであることも考えられる。それでもそうしたポッドが、航空機の火器システムに似ている例もあったので、機関銃や機関砲で武装したドローンがすでに飛んでいる可能性は否定できない。

　だとしても、火器で武装したドローンにどれだけ利用価値があるか、という疑問は残る。大部分のドローンは機動性が劣っているので、標的に弾丸を放っても実質的にダメージをあたえるのは難しいだろう。誘導火器なら、ドローンでの使用ががぜん現実味を帯びてくる。発射地点まで運んだら、操縦に苦労しながらドローンを標的に向けつづけなくても勝手に飛んでゆくからだ。同じ労力を注ぐにしても、爆弾やミサイルのほうがはるかに効果をあげるだろう。とはいえ、ドローンが人間の標的に向かって圧倒的火力を放つことへの心理的影響は絶大だ。

　それでもしばらくのあいだ、ドローンの火器システムは小型爆弾と軽量ミサイルといった、主に地上に精密攻撃を行なう火器に限定されそうだ。凄まじい破壊力の攻撃や空対空の狭い戦闘領域(ニッチ)は、すでに戦闘用航空機で埋めつくされている。ドローンは、こうした役割で大きなメリットがあることを示して初めて有人機と入れ替わられるだろう。

戦闘ドローン

戦闘ドローンとは、センサー類の他にも武器を装備できる無人攻撃機のことである。ニュースを賑わすのはまずこのタイプだといってよく、そうして取りあげられる理由ゆえにもっとも物議を醸している。「無人機攻撃」は、「航空攻撃」と同じくらい耳慣れた言葉になっている。世界中の戦闘地域で、このドローンが果たす役割はそれほどまでに拡大している。いやそれどころか、一部の人々にとってこのふたつの言葉は、すでに重なっているのだ。

航空攻撃にドローンを使用するという発想は前からあったが、そのために必要なテクノロジーが開発されるまでには長い年月が費やされた。その途中にあった落とし穴には、実験機の残骸が散らばっている。またこの時代になって、海外の強国が既存の設計をコピーすることが可能になっているとしても、行き詰まりや克服すべき開発上の課題に出会う運命からは逃れられない。

それは、RQ–1プレデターに驚くほど似ている中国製のドローンが、2011年に原因不明の墜落をしたことからもうかがえる。翼竜と名づけられたこのドローンは、完成品のプレデターをベースにした外観で、同じような役割を目的にしているように見える。新しい

［左］中国の翼竜（Pterodactyl）はすでに実用化されているMQ–1プレデターをベースにしているか、少なくとも影響を受けているように見える。アメリカは特定のテクノロジーの輸出を厳格に禁じているが、中国の規制はそれほど強くないため、このドローンはさまざまなユーザーの手に渡る可能性がある。

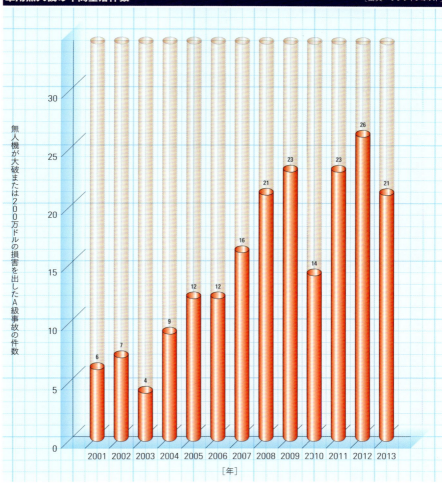

軍用無人機の年間墜落件数　　　　　　　　　　　　　　　　　　　［出典＝ワシントンポスト］

　テクノロジーの開発で大部分を占めるのが、何が可能で何が不可能なのかを見極める作業だ。プレデターはすでにこの設計で可能なことを示しているので、中国の開発チームはある程度手間が省けているはずである。

　ところがこうして有利なスタートを切っても、戦闘可能なドローンを作る過程は複雑で、必ずしも計画どおりにはいかなかった。2011年の墜落の詳細は明かされていない。墜落現場は大急ぎ

[上]RQ-2Bパイオニアは1980年代半ばから制式採用されている。ほとんどの人はこれほどまで長く無人機が使われていたとは思わないだろう。アメリカなどで長年UAVを操縦しているオペレーターは、こうした初期のドローンを扱って経験を蓄積しているが、新参のオペレーターはゼロからスタートするので、失態から多大な損失をもたらす傾向がある。

で封鎖され、残骸は撤去された。それでも問題は機体の欠陥かオペレーターの操作ミスではなかったかと推定されている。

　この領域では「無断借用」したテクノロジーは、あまり役に立たない。遠隔地上ステーションからのUAV運用は、新分野の試みだ。ルールは試行錯誤しながら学ばなければならない。アメリカでもどこの国でも、ドローンのオペレーターが担当のドローンを失うときは、ヒューマン・エラーか不測の事態が原因になっている。しかもミスは、ドローンの開発時には問題なしと思われた手順からも生じているのだ。

　たとえばあるアメリカのドローンの墜落は、オペレーターが2台あるコンソールの一方に制御を移す際に、このような引き継ぎ用(ハンドオフ)に作られたチェックリストに従わなかったために起きた。ドローンの制御電子回路がこのミスでシャットダウンし、再起動が不可能になった。このような事故はおそらく予測できただろうし、理想の世界では避けられるのだろう。だが人知を超えた事故は、どう防いでも起こるものだ。経験は、ドローンの操作を実際にやってみないと得られない。またこの分野では、どの国もほとんどゼロか

らのスタートになっている。

　小型のドローンと比較して、大型で戦闘可能なドローンにある第1のメリットは、むろん、効率的な攻撃ができることだ。ただしそれと引きかえに、コストもサイズも増大する。この場合は幅広い任務をこなす長所よりも、少ない数しかそろえられないということのほうが重大かもしれない。大量の超小型ドローンのほうが、2、3機の戦闘力のあるドローンよりプラスになるかもしれないのだ。なにしろ、武器は多様な手段で運搬できる。ところがその運搬手段の大半が必要としている正確な偵察は、小型で安価なドローンによって遂行される。それなのに予算の制約のために十分な数がそろわないとなると、偵察の空白地帯を作ることにもなりかねないのだ。

　そのため、大型の汎用ドローンを購入するという決断は、思ったほど単純にはくだせない。技術的にも兵站の面でも一段と高度な支援を要するので、ユーザーの多くは、コストの増額分の価値が兵器を発射する能力に見合うとは考えないかもしれないのだ。

　ただしそれだけの費用が出せるなら、戦闘可能なドローンには多くのメリットがある。大型の計測器パッケージを相当量搭載できるので、広範囲をカバーしながら、あるいは基地からかなり遠方で活動しながら、豊富なデータを収集できる。武器を使用すればニュースになるが、長距離ドローンは長時間飛行をしているあ

［下］無人機のRQ-1プレデターは1990年代のボスニア・ヘルツェゴビナ紛争では600回を超える出撃をしており、アフガニスタンとイラクでも大活躍した。その活動の大半は伏せられている。無人機攻撃は新聞の見出しを飾るが、情報収集や偵察の任務は気づかれないまま随時進行している。異論はあるだろうが、UAV作戦はむしろそうあるべきなのである。

第1部　軍用ドローン

いだに、地域の監視以上に刺激的なことはしていない。重要な任務だが決まった手順の繰りかえしにすぎない。それに報告があがるのは何か異常があったときか、厄介事がもち上がったときだけになる。

　このクラスのドローンを運用する主なメリットは、他のクラスのドローンと何ら変わりない。長時間滞空できる偵察・監視の戦力であるということだ。とはいうものの、法外に高価だが使い捨ての戦力を危険地域に送って地上部隊を支援できることが、おおいに役立つときもある。ヘリはもちろん攻撃機でさえ、派遣に二の足を踏む危険地域はある。ところがドローンの任務飛行では人命を懸けなくてもよいので、機体の値段はかなり高額だろうが、ドローンを投入すれば、危険な支援任務でパイロットを危険にさらすか地上部隊への支援を見送るかの選択で、板挟みにならなくてすむ。

RQ–1/MQ–1プレデター

　戦闘可能なドローンで、もっとも知られているのはプレデターだろう。プレデターは1994年に初飛行を記録し、1997年から生産が開始された。開発・製造を手がけたのはジェネラル・アトミックス社だ（現在はジェネラル・アトミックス・エアロノーティカル・システムズ社に移行）。プレデターははじめRQ–1（Rは偵察のReconnaissance、Qは無人機を表す記号）と命名されたが、Rが多機能のmultiroleを表すMに変わり、最終的にMQ–1に改名された。公式には中高度長時間滞空型(MALE)無人機(UAV)に分類される。

　プレデターの使用する101馬力(75kW)のロータックス4気筒エンジンは、スノーモービルに使用されているのと同じ機種だ。このエンジンで「プッシャー式」の2枚羽根プロペラをまわしている。偵察にふさわしい静音エンジンの開発は、軍用無人機の製作過程で越えなければならない山だったが、克服されて音響シグネチャは低減された。

　エンジンは機体最後部に設置されている。独特な逆V字型の尾翼と下向きの方向舵もその辺りについている。直線的な主翼

[右]プレデターも他の航空機と同じく、定期的な整備と損傷部分の修理が必要だ。UAVの運用はよく未整備な前進基地で行なわれるので、このような環境ではどうしても機体を傷つけてしまう。幸い、修理施設は大型航空機用ほど大がかりでなくてすむ。

はチタンで縁取られている。当初は翼が高高度で氷結する問題があったが、「ウェット・ウィング」(除氷)仕様を導入して、翼の表面にあいている無数の小さな穴から、エチレングリコール(不凍液)をつねに「流す」ようにすると克服された。

　プレデターはドローンとしてはかなりの大型だが、先進複合材を使うことで重量を落としつづけている。胴体の主要部分には、ケブラー[高強度・高耐熱性の合成繊維。防弾性もある]に炭素と石英を結合させた繊維を、機体の骨組みには炭素繊維とアルミニウムを使用している。

　内部の電子機器は、ドローンのエンジンを動かしている交流発電機を電源としており、予備電源のバッテリーも用意されている。ドローンのシステムをスタートさせるときは、外部から給電するが、その後は燃料が残っていてエンジンが動きつづけているかぎり、みずからが動力を供給する。

　プレデターはセンサー類の大半を機体の前部に搭載している。通信アンテナは、丸く膨らんだ機体正面部分の上部に設置され

[上]改良されたプレデターBモデルは、バルカン半島で作戦飛行のデビューを飾った。2005年には米陸軍が、UAVの航続距離拡大・多機能化計画の一環として、さらに開発が進んだモデルをスカイウォリアー（Sky Warrior）と名づけて採用した。スカイウォリアーは、2000年代末にはじめて作戦配備された。

ている。その下には合成開口レーダーといった装置が収納されている。ジンバル式ターレットに収められたカメラは、ドローンの飛行経路の影響を受けずに全方位に向けられる。

　プレデターUAVは分解できるので、輸送する際は、C–130ハーキュリーズのような輸送機に積みこめる。地上誘導ステーションも作戦地域に移送しなければならないが、最近はプレデターが飛びたつ基地にオペレーターが詰める必要はなくなった。プレデターが現場に配備されてからの数年間は、前進基地で操縦されていたが、衛星通信の進歩とともにそうしたことも不要になった。

　制御操作をしてからUAVが反応するまで、深刻なタイムラグがあるという問題が解決されると、アフガニスタンで飛ばすプレデターをアメリカ本土から操縦できるようになった。ただし、発射・回収チームはまだ任務のスタートと終わりに必要なので、ドローンとともに派遣される。ふつう実戦で配備されるのは、プレデター4

機にくわえて地上誘導ステーション1基とデータ配信ターミナル1台になる。

　通常プレデターの地上ステーションは移動式トレーラーで、その中にパイロットともうひとりのオペレーター用のコンソールがそなえられている。ここにデータ利用のためのコンソールを増設することも可能だ。たとえば、プレデターのセンサーから得られた情報を即座に利用する、任務の計画立案のために情報を拡散する、といった使い方である。操縦チームがその時点の指令を次々とこなすあいだに、チームの他のメンバーが同時進行で、任務の新たな局面の計画に取りくむことができるのだ。

　氷結の問題は、初期の段階でたびたび操作による墜落の原因になっていた。MQ–1Bモデルはそうした問題を解決したうえで多くの改良を取りいれ、さらに主翼を延長しターボチャージャーつきエンジンに換装して、わずかだが空力変化を生じさせた。プレデターにミサイルを装着する実験は、1990年代の末に行なわれていたが、このコンセプトが運用ベースに移ったのは、2001年9月11日のアメリカ本土攻撃のあとだった。

　2002年11月にはプレデターから放たれたヘルファイア空対地ミサイルが、アルカイダの指導者、ハリド・シナン・アルハブシの自動車パレードを爆撃した。プレデターはこの任務で、実戦に確

［右］ハリド・シナン・アルハブシは、「無人機暗殺」任務のごく初期の標的だった。この写真にはアルカイダで懇意な指導者、オサマ・ビン・ラディンとともに写っている。ステルス・ドローンは、地上軍には手の届かない重要目標にも攻撃が可能で、爆音のする従来型の航空機のようには回避されにくい。

第1部　軍用ドローン

実に役立つ戦力であることを証明した。ほとんど無音で接近したUAVが、超音速のミサイルでピンポイントの攻撃を成功させたのである。プレデターの攻撃はいわば空中からの暗殺で、標的に反応するチャンスをあたえない。

　プレデターのヘルファイア・レーザー誘導ミサイル2発は、マルチスペクトル・ターゲティング・システム（MTS）によって誘導される。MTSは、電子光学（EO）・赤外線（IR）のテレビカメラとレーザー指示器を使って、目標選定の情報を供給する。この情報が気温や風速といった環境条件のデータと組みあわされて、詳細な射撃計画が立てられる。この射撃計画はUAVの搭載兵器に使われることもあれば、攻撃機のような他の発射母機や誘導火器に伝達されることもある。

　標準的な電子機器パッケージには、前方監視赤外線装置とテレビカメラ、合成開口レーダーが組みこまれている。前方を向いている機首のカメラは、主にパイロットが一人称視点（FPV）でUAVを飛ばすために用いられる。機首のカメラはすべて、ムービー画像［テレビ以上のフレームレートの動画］を撮影できる。それ以外にもプレデターは、あたえられた任務に合わせた電子機器パッケージを搭載できる。そうした場合はカメラや同種のセンサーを追加することも、シギント（SIGINT、信号情報）など、通常とは異なる任務のためのカスタマイズ・パッケージを積むこともある。シギント用の電子

［上］UAVは、ただパイロン（兵装支持架）を装着して、目標選定のためのソフトウェアをインストールしただけでは攻撃可能にはならない。兵装はUAVの他のシステムと統合しなければならず、また安全な運用を総合的に考慮する必要がある。どのような航空機でも兵器類を搭載しながら着陸するときは、大きなリスクを負うことになる。

[上]UAVも従来型の航空機と同じく、飛行後点検をして任務中に生じたかもしれない損傷や整備すべき箇所を見つける必要がある。UAV飛行の長い航続時間は、エンジンなどの部品を徐々に摩耗させる。UAVが飛んでいるあいだ負担がかかりつづけているためである。

スペック：RQ-1/MQ-1プレデター			
全長	8.2m	航続距離	730km
翼幅	14.8m	上昇限度	7,620m
全高	2.1m	兵装	2×AGM-114ヘルファイア・レーザー誘導対戦車ミサイルか、2×AIM-92スティンガー短距離対空ミサイル
動力	ロータックス914、4気筒4ストローク、ターボチャージャーつきエンジン		
最大離陸重量	1,020kg		
最高速度	210km/h		

機器を搭載した際は、敵の無線交信を傍受して基地に中継することが可能になる。

　プレデターを最初に評価して採用したのは米陸軍だが、運用は米空軍で行なわれている。これまで投入された戦域はバルカン半島、アフガニスタン、イラクおよびその周辺の領域と、多方面にわたる。攻撃や偵察にくわえて、ときには敵の防空兵器の位置を確かめるために囮にされることもある。

　2005年にハリケーンの「カトリーナ」が米南東部を直撃したとき

は、災害救助活動の支援のためにプレデターを使用する許可が求められたが、アメリカ上空での無人機の活動はその時点では制限されていたので実現しなかった。2006年には、ある一定の条件を満たせばアメリカの領空でもドローンが活動できるようになったが、いまだにこの制限はなくなっていない。軍用のプレデターは、これまで救難活動や火事の監視のために出動してきた。また、新システムの開発の試験台としても利用されている。

米空軍への納品は終わってしまったが、しばらくは現役を続けるだろう。他国の軍隊でも活躍している。非軍事用のプレデターは政府と法執行機関によって、国境などパトロールが難しい広大な土地を監視するのに用いられている。

MQ-9リーパー

プレデターBモデルを原型とするハンターキラー無人機MQ-9リーパーの開発は、2001年に始まった。ちなみにハンターキラー無人機とは、航続距離が長く、優れた監視能力と攻撃力を有するUAVをいう。アメリカの陸軍は航続距離を延長した多目的UAVに興味を示していたが、米国土安全保障省の税関・国境警備局もパトロールができるUAVを欲しがっていた。後者は兵装を考慮していなかった。ジェネラル・アトミックス社はアルタイル(Altair)を独自に開発しており、2007年には米軍にMQ-9リーパー

[下]プレデターBは2001年に初飛行し、MQ-9リーパー(Reaper)として米空軍と英空軍に採用された。原型モデルの無人機、プレデターの2倍のスピードで飛行する。またおそらくはそれ以上に重要なことだが、5倍のペイロードを積んで2倍の高度まで上昇する。

[上]リーパー（プレデターB）は、第1世代のプレデターとは尾翼で簡単に見分けがつく。原型のプレデターUAVは、2枚の尾翼が逆V字型になっている。リーパーは2枚がV字型について、3枚目が真下を向いている。プロペラ駆動なのはどちらも変わらない。ジェット・エンジンでV字型の2枚尾翼なのは、プレデターC（アヴェンジャー、Avenger）である。

として制式採用された［NASAで使用する際にアルタイルの名称が復活した］。

　同年には米空軍が、MQ-9リーパーの運用をアフガニスタンで開始している。米空軍はそれより前の2006年に最初のリーパー飛行隊を編制しており、その年の末にはリーパーの初期モデルがイラクの空を飛んでいた。

　MQ-9リーパーは、見た目はプレデターとよく似ている。いちばん違いがわかりやすいのは尾翼部分だ。2枚の水平尾翼がプレデターは逆V字型に、リーパーはV字型についている。推力は同じく後部に取りつけられたプッシャー式プロペラで得るがそれを駆動するのは950馬力（708kW）と大幅にパワーアップしたターボプロップ・エンジンである。そのためペイロードが段違いに増えて、武器プラットフォームとしての有用性も飛行性能もアップした。

　このUAVは、プレデターのために開発されたシステムの多くを使用している。そこには時代遅れや旧式化したものはない。電子機器の中にはプレデターに搭載されているあいだに、アップグレードされて改良の余地がなくなったものも、軍用電子機器の最先端でありつづけているものもある。

　リーパーははじめプレデターの機体の大型化バージョンを使用していた。そうした設計で、コンセプトが受けつがれていることを示したのだ。ターボプロップ・エンジンではなくターボファン（ジェ

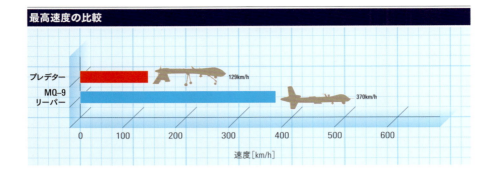

ト・エンジン）を積んだ派生型や、機体を大型化しターボプロップ・エンジンに換装した試作機も作られた。後者の試作機はアルタイルと名づけられて、NASAでの使用が開始された。

　NASAのアルタイルは、いくつかの点でリーパーと異なる方向性を示していた。兵装の必要性も能力もないので、そうした無人機としてまったく武装はしなかったが、通信、自動操縦のみならずミサイルの制御にも使用する航空電子装置(アビオニクス)のアップグレードは受けていた。それは、先進的なセンサー機器を試す実験機としての役割に適合するためでもあったし、アメリカの領空で無人機を飛ばす際の連邦航空局（FAA）の規定に従うためでもあった。

　NASAはアルタイルを使って、地球科学の実験をしている。搭載されている赤外線カメラは、2006年にカリフォルニア州で発生したエスペランザ山火事で、実態調査に威力を発揮した。この時が、元軍用無人機を災害対応に利用した最初の例となった。無人機にこのような支援が可能であることがわかったため、将来は類似の投入が一般化すると思われる。

　その一方で米空軍では、アルタイルから改名されたMQ-9リーパーの運用が開始され、以来アフガニスタンやイラクといった戦域で配備されている。リーパーから発射された爆弾やミサイルは、精密な誘導で車輌を撃破して、反乱軍への攻撃に効果をあげている。ただし、そういった出撃で事故がなかったわけではない。リーパーとプレデターの無人機飛行隊は、事故を多発させていると伝えられているが、記録を見るとそれも不当な評価ではない。

［上］NASAの無人機アルタイル（Altair）は、プレデターAの改造版で、高高度の無人科学プラットフォームに搭載するテクノロジーを、開発・実証するために利用されている。この開発計画にはそれと同時に、民間空域でのUAV使用を促進するという目的もあった。以来多少の前進はあったが、この目的は達成されていない。

　事故が多い理由のひとつには、テクノロジーへの依存があるのだろう。テクノロジーには必ず落とし穴がある。制御のタイミングは、プレデター運用の初期段階でほとんど起こらなくなったが、それでもたまにある故障や信号の中断の可能性は排除できない。2009年にアフガニスタンでリーパー1機を失うはめになった原因は、そういったことにもあったのだろう。

　この事故ではドローンが操縦不能になったために、なぜか武装有人機がその周囲を飛行する事態になった。事情を明かせず、状況を打開できる唯一の策がリーパーの撃墜だったので、このドローンをミサイルで無力化するために戦闘機が送られたのである。ところが皮肉なことに、リーパーのエンジンを破壊した直後に制御が回復した。墜落時には、近くに人がいて巻きこまれないように、慎重にコントロールする必要があった。

　リーパーはその他にも、機械的な故障や不明な原因で墜落している。意外かもしれないが、操縦ミスによる事故はそれほど多くない。機首のカメラをとおしてUAVを飛ばすのは、ストローの穴を覗きながら航空機を操縦するようなものだといわれている。

第1部　軍用ドローン　　　　　　　　　　　　　　　　　　　11

パイロットは聴覚や重力のかかる向き、加速度を知る平衡感覚といった、内耳がつかさどる感覚などから手がかりを得られず、UAVの挙動を五感で感じとれない。そのため重要な感覚的データをキャッチできないことがある。このように勘と経験による操縦はほぼ計器類にとってかわられているにせよ、UAVの位置や動作を教える感覚へのフィードバックは有益である。

　MQ-9リーパーは、無人航空機のみを操縦する空軍飛行隊に配備された最初のUAVとなったが、有人機と置き換えられる予定はなかった。攻撃の前にドローンが防空網を破って、それより大量の兵器を積載できる攻撃機のために標的のデータを集める、といった形で、両者は互いに補いあえる可能性がある。

　UAVならひそかに目標地域に入りこんで、標的が現れるまで待機できる。有人機にはとうてい真似ができないことだ。有人機でも数時間は、周辺空域に留まるのは可能だろう。ただし発見されるのは覚悟しなければならない。ところがUAVの場合は、同じドローンをオペレーターが交替で操縦すれば、目標地域の上空にはるかに長い時間張りついていられるのだ。

　リーパーが搭載できる兵器は、先行機とくらべると段違いに多

[下]リーパーは、ヘルファイア・ミサイル4発と227kgの爆弾2発を搭載できる。爆弾はGBU-12レーザー誘導爆弾の場合も、GBU-38統合直撃弾（GPS誘導爆弾）の場合もある。これほどの火力を誇りながらも、もっとも有益なのはUAVの機首の下にあるセンサー・ターレットである。

戦闘ドローン

い。ヘルファイア・ミサイルは4発まで積みこめ、それ以外にさまざまなタイプの227キロの爆弾（通常はGBU–12レーザー誘導爆弾かGBU–38 GPS誘導爆弾）2個、もしくはそれと同等の兵装を積載できる。その他にも、電子戦パッケージも武装できる。MQ–9リーパーは演習で有人機を支える電子戦プラットフォームになり、このような作戦に組みこまれる可能性をアピールした。

先行モデルのプレデターと同様の偵察任務や、強化された攻撃能力にくわえて、リーパーは別種の役割に就くこともできる。マリナーと命名された海上モデルは、甲板に降下するための着艦フックをそなえており、船舶に搭載する際場所をとらないように翼は折りたたみ式になっている。航続時間ものびて、50時間ものあいだ飛びつづけられた。

海軍はマリナーではなく、RQ–4Nグローバルホーク（Global Hawk）を採用したが、別の海上モデルはガーディアンと名づけられて、少数だが米沿岸警備隊と税関・国境警備局での使用が開始された。ガーディアンは、主に麻薬取り締まりのパトロール飛行をしており、沿岸警備隊や法執行機関のために、不審船を発見・追跡している。

[下]RQ–4グローバルホークはその名にふさわしく、世界的な記録をうち立てている。アメリカからオーストラリアまで無人機としての初飛行に成功し、18,288mという超高高度を33時間以上維持するという航続時間の記録も作った。軍事、非軍事のどちらの用途でも良好な結果を出している。

第1部　軍用ドローン

スペック：MQ-9リーパー			
全長	11m	最高速度	480km/h
翼幅	20.1m	航続距離	1,852km
全高	11m	上昇限度	15,240m
動力	1×ハネウェルTPE331-10GDターボプロップ・エンジン	兵装	AGM-114ヘルファイア・ミサイルとGBU-12ペイヴウェイⅡ誘導爆弾、GBU-38統合直撃弾の混合
最大離陸重量	4,760kg		

［上］無人機のRQ-5ハンターは1990年代末にバルカン半島ではじめて配備され、その後はイラクなどで使用されている。RQ-7シャドーに現役の座を明け渡す予定だったが、最大積載量と航続時間で優っていたためにすえ置かれた。ハンターは国土安全の場面でも活躍している。

　MQ-9Bガーディアンは、性能を向上させたセンサー類を積んでいる。そのひとつ、逆合成開口レーダーは、ドローンのオペレーターに悪天候の接近を警告する機能がある。ガーディアンの機体と航空電子装置(アビオニクス)も改良されている。

　リーパーはイギリスやフランス、イタリアなど数カ国で就役しており、過激派組織ISに対して使用されている。英軍のブリムストーン・ミサイルを搭載したリーパーは、発射テストで抜群の破壊力を示した。

グレイイーグル

　1989年、アメリカの陸軍と海兵隊は共同で、戦場の偵察と砲兵弾着観測が可能なUAVを探しはじめていた。選ばれたUAVはRQ–5ハンター（Hunter）と命名され、少数購入されただけでこの計画は打ちきりになった。無人機のハンターは1996年に制式採用され、バルカン半島とイラクで実戦配備された。戦場で燃料の種類を統一する米陸軍の方針に合わせて、このUAVは「重質燃料」エンジンを使用した。これで兵站は簡略化されるが、おかげで投入をはじかれるUAVのモデルも出てくる。

　RQ–5ハンターは、わずかな数しかなかったがそれでもその導入は成功だった。2007年にはレーザー誘導爆弾を発射し、米陸軍が投入した最初の武装ドローンとなった。その後大型化した改良モデルが購入されると、ハンターはまだ実験段階だったヴァイパーストライク精密爆弾の能力を見極めるために使用された。

　米陸軍は2002年には後継モデルを探しはじめていた。候補の中には、ハンターIIと、当時ウォリアーもしくはスカイウォリアー（Sky Warrior）と呼ばれていたUAVがあった。ウォリアーは、RQ/MQ–1

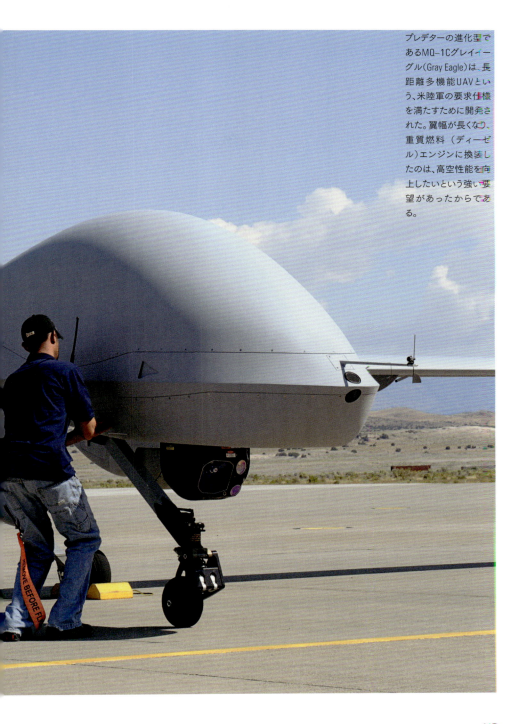

プレデターの進化型であるMQ-1Cグレイイーグル(Gray Eagle)は、長距離多機能UAVという、米陸軍の要求仕様を満たすために開発された。翼幅が長くなり、重質燃料（ディーゼル）エンジンに換装したのは、高空性能を向上したいという強い要望があったからである。

プレデターの派生型である。米陸軍は、RQ−1プレデターを評価し採用する考えだったが、プレデターは結局米空軍に持っていかれた。

最終的には米陸軍の航空近代化計画の一環として、ウォリアーが、RQ−1Cグレイイーグル(Gray Eagle)の名で採用されることになった。この無人機がプレデターの派生型であるのは一目瞭然である。機体の設計はまったく同じで水平尾翼は逆V字型だ。ただし重質燃料エンジンを採用しているので、ディーゼル燃料やジェット燃料でも動く。

無人機のグレイイーグルは、信頼性とフォールト・トレランス(耐障害性)を高めるために、3重の航空電子装置(アビオニクス)をそなえている。つまり、ドローンが操縦不能になるまでは、まったく同じ部品が3度故障もしくは損傷しなければならないということだ。それほどの損傷(もしくはそのような機能停止を起こすほどの悪運)にみまわれている場合、ドローンは木端微塵になっているだろう。

グレイイーグルは、それ以前のドローンから学んだ教訓を取りいれて、主翼に除氷装置を採用している。高度8850メートル弱での飛行も可能なため、氷結してその結果墜落するような事態は避けなければならない。離着陸の完全自動化システムも引き継がれたので、パイロットの作業が簡略化して、肝心なときにミスをする可能性が低減されている。

信頼性は全面的に実証されている。自動着陸システムのおかげで、横風が強くてもドローンは確実に帰投している。だが新しいシステムを追加導入すると、この信頼性にひびが入った。その原因となったのは、主にソフトウェアの問題だった。しかしそれもセンサー類を中心とする新たな装置と、UAVの既存システムとの相性を改善すると解決された。

グレイイーグルは一般的な偵察、損害評価、車列の護衛、通信の中継など、幅広い任務をこなす。最近の手製爆弾(IED)攻撃の急増を受けて、ここのところ対抗手段が模索されており、そのひとつとしてドローンによる持続的な偵察が行なわれるようになった。グレイイーグルは、一定地域の長時間監視が可能で、夜間

[右]テスト運用で無人機グレイイーグルから送られたデータを、入念にチェックしている。陸軍は配下のUAV飛行隊のために、他の軍隊組織とはやや異なる要求仕様をまとめている。地雷やIEDの探知など、ドローンの機器パッケージに特殊センサーを組みこむ任務を視野に入れているためである。

スペック：グレイイーグル

全長	8m	上昇限度	8,840m
翼幅	17m	兵装	4×AGM-114ヘルファイア対戦車ミサイル、8×AIM-92スティンガー・ミサイル、4×GBU-44/Bヴァイパーストライク爆弾のいずれか
全高	2.1m		
動力	ティーレアト165馬力(123kW)重質燃料エンジン		
最大離陸重量	1,633kg		
最高速度	280km/h		

でも視界が悪くても、赤外線もしくはレーダーの画像から不審な行動を見分けられる。

　抑止はどんなときでも有益だが、音のしないUAVに地域の監視ができればもっと手荒な対抗策も可能になる。IED攻撃ではなんといっても、爆弾を人目につかずに埋設することが重要なので、反乱者も監視されていると思えば動けないだろう。欧米軍は交戦規定に縛られている。その規定の性質上、標的が敵かどうかを念を入れて確かめなくてはならない。爆弾を埋めるところを発見できれば、証拠としてはじゅうぶんすぎるくらいである。

　標的を敵と確定できたら、次は攻撃の段階になる。そこでぐずついていると敵は立ち去ってしまう。あるいは一般市民の中に紛れこんで、手出しがしにくくなることもあるだろう。そこに武装ドローンを監視に使うメリットがある。監視できる位置についているプラットフォームは、攻撃位置にもあるのだ。

IEDを設置している反乱者グループをドローンは幾度も攻撃しているが、グレイイーグルも、ヘルファイア・ミサイル4発とヴァイパーストライク精密爆弾4発を使って、このような任務に投入できる。スティンガー・ミサイルも搭載可能だが、反乱者の標的に向けられることはなさそうだ。こういった集団は空軍力がないからだ。

　グレイイーグルUAVはそのかわり、ヘルファイア・ミサイル2発と電子戦ポッドもしくはシギント傍受ユニットを積載できる。この実装状態で最大で35時間配置についていられる。一度の航空攻撃の支援には余りあるほどの時間だ。こうした性能をもつグレイイーグルは長時間の情報収集が可能なので、1度の出撃で数度の攻撃を行なえる。また敵の電波を妨害して、無線で起爆されるIEDの爆破を防ぐことができる。

　米陸軍は試験的に有人機・無人機共同作戦(MUM-T)を行なっている。UAVを有人のヘリか固定翼機と組みあわせて、追加のセンサー搭載プラットフォームとして活用しようという試みだ。これでAH-64Eアパッチ攻撃ヘリのような航空機に、連携のための装備をすれば、グレイイーグルのセンサーを使って標的を探しあてたり、有人機のために標定したりすることができる。それで遠方からの攻撃も可能になり、有人ヘリは反撃にさらされなくなる。

　米陸軍でグレイイーグルが配備されている中隊には、無人機12機にくわえて、関連する誘導と支援のシステムが配属されている。このUAVはまた、一部の特殊部隊でも使用されている。導入以来、きわめて有益であるのがわかったため、ゆくゆくは米陸軍の全師団にグレイイーグル中隊を付設したいという抱負もある。

アヴェンジャーとシーアヴェンジャー

　無人機のプレデターとプレデターB（リーパー）をベースに開発されたアヴェンジャー（Avenger）は、プレデターCの愛称をもち、同系の先行モデルで実証されたコンセプトを数多く取りいれている。ただし機体はほぼ同じ形状だとしても、アヴェンジャーはオリジナルをはるかに超えた発展型である。

　何よりも重大な変化は、ジェット推進への移行だ。アヴェン

［上］有人機・無人機共同の構想は、UAVを有人機と組みあわせるという、新たに策定された基本作戦術(ドクトリン)である。UAVはヘリより発見されにくく、標的を特定または標定できる。そのためヘリは、敵射程外からの「スタンドオフ」攻撃が可能になるので、乗員は危険にさらされなくなる。

ジャーの動力源としているターボファン［ジェット推進機関の1種］は、小型旅客機にも使用されている。それで先行モデルよりペイロードが拡充されたが、最高速度も大幅に更新された。具体的に見てみると、アヴェンジャーの最高速度は時速740キロ、それに対してプロペラ機のリーパーは時速480キロ、プレデターは時速210キロである。アヴェンジャーの最大離陸重量は、プレデターのほぼ8倍に達する。とはいえもちろん、そのすべてをペイロードには換算できない。UAV自体もエンジンも、かなり重たくなっているからだ。

それでもアヴェンジャーは、先行機にくらべて重い重量を速いスピードで運べる。スピードが役に立つのは、UAVが作戦地域に近い地元の基地から飛びたてないような状況だ。ドローンが何千キロも飛行して任務を果たしたあとに帰還するとしたら、30〜40時間の滞空能力も物足りなくなる。

スピードの出ないドローンの場合、長時間飛びまわる時間を無駄にしないためには、ドローンを作戦地近くに前方展開して、基地を往復する時間を最少限にするしかなかった。ところがアヴェ

ンジャーは、同じ距離をはるかに短い時間で飛ぶことができて航続時間は同程度なので、本番の任務のためにそれだけ多くの飛行時間を割ける。友好国の基地なら、標的をとらえて無理なく作戦を遂行できる範囲にありそうだ。あるいは沖合に浮かぶ空母から、UAVを発進させてもよい。

アヴェンジャーは、多くの「ステルス」機と同じ形状を採用している。滑らかな曲線で覆われていて、垂直に立つ方向舵はない。そのかわり尾翼部分は「V」字型をしており、斜めに広がる操縦翼面が「ラダーベーター」、つまり方向舵と昇降舵を組みあわせた働きをする。そのため操縦は複雑になるが、現代の航空電子装置(アビオニクス)にとっては問題ない。

人間のパイロットがマニュアルで左右のラダーベーターを操ろうとしたら、機体を制御しつづけるのに悪戦苦闘するだろう。ところがアヴェンジャーのシステムは、パイロットの指示をUAVに制御信号で伝える。パイロットがドローンをどこの場所にどのような機動で到達させたいかといった、大ざっぱな問題に取りくんでいるあいだに、細かい部分を引きうけるのだ。

尾翼部分は、レーダー反射を抑えるデザインになっている。ま

[下]もともとプレデターCと命名されていたアヴェンジャーは、2009年に初飛行している。先行無人機のプレデターやリーパーよりも進んでいるのは、ジェット推進とステルス性のあるデザインで、兵器は胴体内兵器庫(ウェポンベイ)に格納される。また、アヴェンジャーの搭載兵器は種類が豊富になっており、リーパーの搭載兵器より威力に優るものもある。

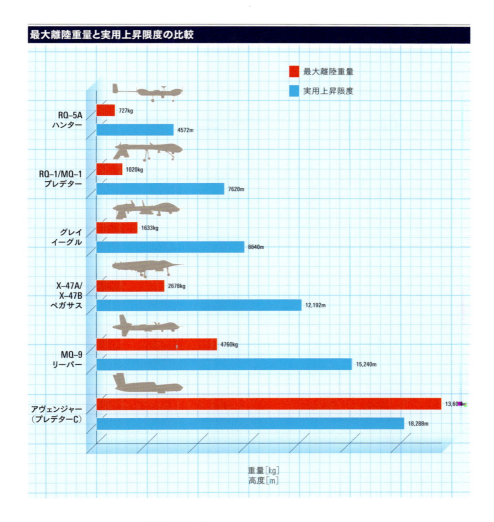

　た排気管(ジェット・エグゾースト)は「S」字型になっているので、高温の排気ガスが察知されにくく、熱シグネチャが減少する。もちろんまったくのゼロにはできないが、ステルス・ジェット機が比較的小さな推力で飛んでいるときは、熱シグネチャは弱めになる。こうした特徴のおかげで、メディアが好んで呼ぶ「ステルス・ドローン」は誕生した。敵領空内での危険度の高い作戦に特化したUAVである。

　アヴェンジャーは格納式ターレットを搭載しており、そこに電子光学（EO）・赤外線（IR）カメラのほか、合成開口レーダー機能

火器システムの性能は、ある時点になると、隠すより見せびらかしたくなるものだ。写真は、アヴェンジャーUAVと絶大な破壊力のある搭載兵器。米国民に税金で購入されているものを見せて、強力な攻撃力になることをわかりやすく展示している。

第1部　軍用ドローン

スペック：アヴェンジャー（プレデターC）			
全長	12.5m	兵装	以下の兵装のいずれの組みあわせも可。AGM–114 ヘルファイア対戦車ミサイル、GBU–24ペイヴウェイIII 誘導爆弾、GBU–31 JDAM 誘導爆弾、GBU–38小直径爆弾
翼幅	20.12m		
動力	1×プラット&ホイットニー PW307エンジン		
最大離陸重量	13,600kg		
最高速度	740km/h		
上昇限度	18,288m		

陸上移動目標表示機能など多重機能をもつレーダー装置を内蔵している。それ以外にも、通信中継任務や、電子監視・シギント活動用にあつらえた任務機器パッケージを積みこめる。

アヴェンジャーは先行機とくらべて、搭載できる兵器の重さも数量も優っている。胴体内兵器庫(ウェポンベイ)に格納できる兵器の総重量は1558キロで、翼下のパイロン（兵装支持架）6カ所に追加の兵器類を搭載できる。アヴェンジャーもリーパーと同様に、ヘルファイア・ミサイルを装着するほか、113キロのGBU–39小直径爆弾から454キロのGBU–32爆弾まで、豊富な種類の爆弾を使用できる。これ以外にも907キロのGBU–31 JDAM誘導爆弾も装備できるので、同系の他のドローンにくらべて、大型で防御の固い標的も攻撃できる。

このUAVはステルス性をあげるために、兵装を胴体内兵器庫(ウェポンベイ)だけにしか搭載しないこともある。外部の角ばったパイロンにミサイルや爆弾を装着すると、アヴェンジャーの曲線的な機体だけの場合よりも、レーダー反射が極端に大きくなる。そのため攻撃能力を犠牲にして、検知に引っかかりにくくするのである。反乱軍を相手にするときは、先進的なレーダー機器の敵になるものをもっていそうにないので、大きな違いは出ないだろう。ところが先進大国が敵の場合は、レーダー反射断面積を最小限にして飛行できる性能が、おそらくは任務の成功のカギを握ることになる。

地上誘導ステーションは、プレデター、リーパーと互換性があるが、最近になって先進的コックピットの新しい誘導ステーションが導入されて、制御やデータ管理のシステムが改善された。理論上はこのようなシステムで、オペレーターの作業は楽になるは

ずだった。ところが案の定、作業の大変さはさして変わっていない。可能になったタスクが複雑化しているので、致し方ないのだ。言葉を換えると、新しい誘導システムになってアヴェンジャーの型通りの操作は容易になったが、複雑化している新たな任務の遂行も可能になったということだ。

アヴェンジャーUAVは、まだその存在を明らかにしたばかりである。実のところ、米空軍がアフガニスタン、パキスタン、イランといった地域で、ステルス・ドローンを活動させる必要性を感じたとき、アヴェンジャーは配備を予定する試作機のひとつだった。この決断は先見の明があることがわかった。その数週間後にドローンのRQ–170センチネル(Sentinel)がイラン上空で行方不明になり、アメリカの当局がいまだにスパイUAVを飛ばして、イランの監視に力を入れていることを認めたからだ。だとすればアヴェンジャーの向上した性能は、こうした任務にうってつけだろう。

シーアヴェンジャーと命名されたアヴェンジャーの派生型は、米海軍の無人機による攻撃と偵察を可能にする計画の中で開発された。甲板に降りるための着艦フックや、格納場所をとらない

[下]シーアヴェンジャー(Sea Avenger)UAVが視察に訪れた上層部——この場合は海軍作戦部長のグリナート海軍大将——のために低空飛行をしている。UAVに投入される軍の予算が増大しつつあるため、この分野は上級将校の関心の的になっている。

第1部 軍用ドローン

戦闘ドローン

[左]AV–8BハリアーII攻撃機は、長年にわたり米海兵隊の陸上での作戦で航空支援を提供してきた。F–35B戦闘機がその後継機に予定されているが、UAVがその役割の一部またはすべてを引き継ぐ可能性もある。そうなればスペースがかぎられている軍艦に、より多くの機体を積載できるようになる。

ための折りたたみ式の翼が特徴的である。海上での活動には、長い航続距離と速いスピードが必要だ。ほぼすべての出撃任務で、目標地域に到達するまで何もない広大な海を横切っていかなければならず、その後も内陸奥深くまで侵入する必要があることも珍しくないからだ。

シーアヴェンジャーは、僚機給油システムを搭載できそうだ。すると1機のドローンが別のドローンに給油してから帰投できる。そうなると、航続距離が異様に長い、あるいは航続時間を延長した任務も可能になる。ただし空中給油は、パイロットにとっても、それを補助する電子機器にとっても難易度は高いだろう。

海軍の無人艦載空中偵察攻撃機（UCLASS）計画は、まだ端緒についたばかりだ。実は、この新しい構想が検討されてから、要求仕様は再三変更されている。空母に1、2機の航空機のかわりに、2、3機のUAVを艦載するだけでもメリットはある。ただ長い目で見てUAVの性能をじゅうぶんに活用するためには、UAV使用のための原則（ドクトリン）の策定が必要になる。

米陸軍は有人機・無人機共同構想で、ドローンと従来型の航空機を混合して補いあわせようとしているが、世界各国の海軍がそれと同じようなコンセプトを取りいれることは可能だろう。また上陸作戦でUAVにヘリの援護をさせる使い道もある。この場合UAVは、米海兵隊のAV–8BハリアーII攻撃機のような航空機の代わりを務めることになる。空母の同じスペースに、ドローンならさらに多い数を艦載でき、それがメリットになると考えられる。

また、大型の固定翼機を運用できない海軍も、小型の「ドローン母艦」は配備できるかもしれない。格言で、「どんな航空力もないよりまし」というように、小型の「ドローン母艦」は偵察や海賊への対処、攻撃といった作戦を、大型船舶にくらべたらほんのわずかなコストで遂行できるだろう。部隊防護の観点からすると、いわゆる改造補給艦でも小規模なドローン部隊を載せていれば、早期警戒やミサイルの誘導が可能になる。

タンカーやコンテナ船など、他の船からUAVを操縦することも可能だ。陸軍と海兵隊の分遣隊は、タンカーに配備されて防護

にあたるというような任務も担っている。1980年代のイラン・イラク戦争でもそのような例はあった。第2次世界大戦中には船団を護衛するために、戦闘機をカタパルトで離陸させていた。そのような光景が復活することもありえるだろう。また同様の離陸ができれば、何よりも海賊に対する防護で役立つと思われる。あるいは、ある程度の航空能力を地域にもたらす臨時の措置として活用もできる。その一方で、非常に小型で安価な船体上に、高度に機能する救難プラットフォームを開設するような使い方もできる。

舶載UAVの能力については、評価されはじめたばかりだ。同様の性能をもつ他候補の導入計画も浮上しているが、何ができるかを示しているシーアヴェンジャーが採用されそうな気配である。

X–47AとX–47Bペガサス

X–47ペガサスは、魚のマンタによく似た未来的な形をした無人機だ。原型の概念実証機［試作品の前段階］は、2001年にX–47Aペガサスと名づけられた。初飛行は2003年である。このドローンは、民間企業の事業として開発されたが、その目的は近い将来あるであろう海軍、空軍の戦闘UAVへのニーズに応えることにあった。

米空軍と米海軍だからというわけではなく、共同計画ではよく

［下］X–47Bペガサス〔Pegasus〕UAVの初飛行は2011年。米海軍の無人艦載空中偵察攻撃機（UCLASS）計画の中で開発された。ペガサスは、空母でのUAVの運用が可能であることを実証したが、このような使途で最終的に選ばれるUAVは、まったく違う設計になりそうである。

[上]X–47ペガサスは、ひし形の「全翼機」という着想を採用しているものの、AとBのモデルでは翼の形は異なる。ヨーイングのコントロールは翼についているエレボンで行なうので、垂直安定板（フィン）が必要なくなり、そのためUAVのレーダー反射断面積が小さくなっている。

あることだが、この両パートナーが要求仕様をまとめるのは不可能だと判断したため、戦闘ドローンの共同開発計画は空中分解した。ただし、X–47Aは戦略的価値を有望視されたので、米軍の条件に合わせて拡大バージョンが開発され、X–47Bペガサスと名づけられた。X–47Bは2011年にテスト飛行を開始し、その年のうちに初の着艦に成功した。

カタパルトでの射出と着艦後の急激な減速を可能にするためには、頑丈な降着装置と繰りかえしかかる強い圧力に対処できる骨組みをそなえて、堅牢な作りの機体にしなければならない。設計者には他にも考慮しなければならないことがあった。海上で活動する際は、塩分を含んだ空気によって腐食が起きるので、空母で活動しつづければ、頑丈でない機体は少しぶつかっただけで壊れてしまうだろう。そのためペガサスは、ステルス性だけでなく耐久性にも留意して作る必要もあった。

ペガサスUAVをステルス性重視の形状にするにあたって、設計者は数多くの技術的難題に直面した。航空機はどのようなタイプでも3次元の運動をする。ピッチング（機首や尾翼を上下に振る運動

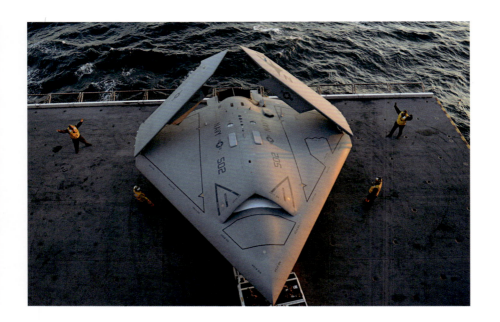

[上]空母での運用では、塩水への耐腐食性や着艦フックを使用する落下着陸への耐久性といった、新たな要求仕様が追加される。折りたたみ式の翼は、艦上でUAVの駐機スペースを縮小するが、飛行任務に堪えられるだけの強度も必要になる。

は、主翼または尾翼がある機種なら、そこについている昇降舵によってコントロールされる。ローリング（片方の翼が上がり、もう一方の翼が下がる）も同様にしてコントロールされる。ヨーイング（機首がある方向に向く横向きの運動で、尾翼は逆を向く）は、垂直安定板、つまりフィンがあるタイプなら、昔からそれによってコントロールされている。V字または逆V字の尾翼部分は安定性以外にも、ピッチング、ローリング、さらにはヨーイングまでもコントロールできるが、この場合の機体設計はそうはならなかった。

　もちろん機体全体が翼のような形をしている「全翼機」としての機体設計は、これが初めてではなかったので、活用できるノウハウは蓄積されていた。ペガサスは、ヨーイングの問題を翼の後縁についているエレボン（昇降舵補助翼）で解決している。この動翼はペガサスの航空電子装置（アビオニクス）の指示で、つねに小刻みな修正をしている。エレボンの機能は、張りだしている翼に縦に並んでいる、4枚の小さなフラップで補強される。複雑な修正を休む暇もなく素早くかけていないと、ドローンは操縦不能に陥る。機械の助けを借りずに生身のパイロットが、このような航空機を操縦しつづける

のは無理だろう。

　テクノロジーの発達でフィンが撤去され、そのおかげでレーダー・シグネチャが減少した。それでもエンジンからのレーダー反射は、戦闘機の普遍的問題として残っている。ドローンの上面に位置するエンジンは、下方からのレーダー反射を低減するが、前方ダクトから十分な吸気はできる。

　エンジンに採用されている高バイパス・ターボファンは小型航空機にも使われていて、信頼性の高い機構である。そこから生じる十分な推力で、UAVはある程度の高速で飛行できる。正確なスペックは公表されていないが、「高亜音速程度」までは出るのではないかと見られている。

　ペガサスは戦闘ドローンであり偵察プラットフォームではないので、飛行操作に必要ない複雑な電子機器類は積んでいない。兵装は多いとはいえない。2カ所の格納室に搭載できるのは、それぞれ227キロの爆弾もしくは同じサイズの兵器だ。だが機体が小型でステルス性があることを考えると、非常に効率性のよい兵装だといえるだろう。

　しかもこれは、新しいテクノロジーの初めの1歩なのである。純粋な戦闘ドローンはこれまで配備されたことはなかった。理由X–47Bが「実演モデル」として何ができるかを示し、何が可能のかを探っているのはまさにそのためである。戦闘ドローンというコンセプトや関連するテクノロジーが成熟するにつれて、このドローンのこれからのバージョンや、そこから得られた知識を活かして開発される他のモデルは、確実に性能をあげていくと思われる。

RQ–5Aハンター

　無人機RQ–5Aの開発は、アメリカの陸軍と海兵隊とのあいだの共同計画として始まった。1989年に開始したこのプロジェクトにより、1993年以降に少数のハンターを納入する契約が結ばれ、1996年にはハンターの本格的な配備が始まった。このドローンはベルギーとフランスにも保有されている。

　ハンターUAVは1999年にバルカン半島の「アライド・フォース」

全翼機の発達

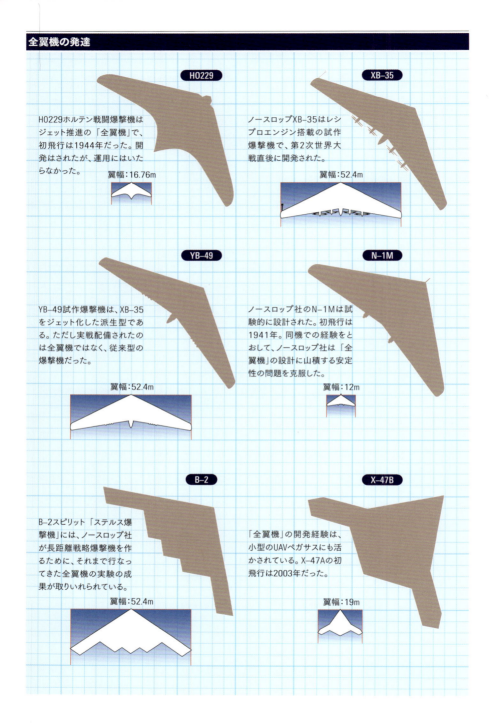

HO229
HO229ホルテン戦闘爆撃機はジェット推進の「全翼機」で、初飛行は1944年だった。開発はされたが、運用にはいたらなかった。

翼幅：16.76m

XB–35
ノースロップXB–35はレシプロエンジン搭載の試作爆撃機で、第2次世界大戦直後に開発された。

翼幅：52.4m

YB–49
YB–49試作爆撃機は、XB–35をジェット化した派生型である。ただし実戦配備されたのは全翼機ではなく、従来型の爆撃機だった。

翼幅：52.4m

N–1M
ノースロップ社のN–1Mは試験的に設計された。初飛行は1941年。同機での経験をとおして、ノースロップ社は「全翼機」の設計に山積する安定性の問題を克服した。

翼幅：12m

B–2
B–2スピリット「ステルス爆撃機」には、ノースロップ社が長距離戦略爆撃機を作るために、それまで行なってきた全翼機の実験の成果が取りいれられている。

翼幅：52.4m

X–47B
「全翼機」の開発経験は、小型のUAVペガサスにも活かされている。X–47Aの初飛行は2003年だった。

翼幅：19m

作戦に参加し、2003年以降はイラクで活動している。ベルギーのハンターは2006年にコンゴに派遣され、ヨーロッパ軍の軍事活動を助けた。米国土安全保障省も、ハンターをアリゾナ州の国境パトロールに配備している。

偵察プラットフォームとしての使用が主流だが、アップグレード版のRQ–5BハンターBは、ヴァイパーストライク精密爆弾を搭載できる。2007年には、米陸軍のUAVとして初の人間への攻撃に使われた。このタイプのハンターの初飛行は2005年だった。原型モデルとくらべると航続時間が大幅にのびている。RQ–5Aの滞空時間は12時間だが、それに対してRQ–5Bは21時間飛びつづけられる。

また2005年に初飛行した拡大版の「エクステンディド・ハンター」（Eハンター）は、尾翼部分が変更されていて、翼幅も延長され燃料が多く積めるようになった。このモデルは、滞空時間が30時間で、ハンターBより高い高度に到達できる。

MQ–5Bのほうは、胴体の前後両端に配置された双発のディーゼル・エンジンで駆動され、それぞれのエンジンが「トラクター

［下］RQ–5AハンターUAVの開発は、アメリカの陸軍と海兵隊の要望に応じる合同プロジェクトとしてスタートした。以来、安全保障機関には国境の警備で、海外の購入者には軍事力の枠組みで使用されている。ハンターは、米陸軍で「生身の」標的を攻撃した初のUAVとなった。

スペック：RQ−5Aハンター

全長	6.8m	最大離陸重量	727kg	
翼幅	8.8m	最高速度	204km/h	
全高	1.7m	航続距離	260km	
動力	2×モト・グッツィ4ストローク2気筒プッシャー＝プラー・ガソリンエンジン	上昇限度	4,572m	
		兵装	1×GBU−44/Bヴァイパーストライク爆弾	

引）式」のプロペラと「プッシャー式」のプロペラをまわしている。後者のプロペラは、双尾翼のあいだに配置されている。甲板のような狭い場所から発射するときは、ロケット補助推進離陸での加速が可能で、短い滑走路でも細長い草地でも離陸できる。ベルギーのハンターは、完全自動の離着陸ユニットを装着している。

またハンターは、テレビと前方監視赤外線のカメラを装備した多機能センサー・パッケージを搭載している。これ以外にもペイロードには、通信機器、レーザー指示器、電子戦パッケージなどがくわわることがある。センサーや電子機器にくわえて、2カ所のハー

［下］MQ−5Bハンターは、双発の重質燃料エンジンを積んでおり、MQ−5Aより燃料容量が大きい。左右の翼に、GNU−44Bヴァイパーストライク・レーザー誘導爆弾を懸下できる。ヴァイパーストライクは動力を用いない滑空爆弾で、GPSとレーザーによって誘導される。弾頭は小型だが、ピンポイントの精度で着弾する。

ドポイントには2発のヴァイパーストライク精密爆弾を懸下できる。

　このUAVを運用するのは、地上ステーションのふたりのオペレーターである。ふたりで交替しながら、2機以下のUAVを完璧にコントロールできる。地上ステーションには、飛行操作をするパイロット室とペイロードの操作をする観測員誘導室がある。第3の区画は航法誘導室で、第4区画は場合によっては情報収集とデータ処理に使われる。

　軍の現場で目覚ましい働きを見せた無人機だが、ベルギーのB–ハンターは事故で墜落してしまった。今後は性能が向上したグレイイーグルUAVが後継になる予定だが、実現するまでに時間がかかりそうだ。現存するハンター飛行隊はまだ活動できる状態であるため、公式の退役のあとでも、予備役または下部部隊の兵力として、あるいはドローン作戦の訓練用に残される可能性はある。

　ハンターは、他のUAVに積載予定の装備を搭載して検証実験していたので、もうひとつの可能性として、戦闘任務から離れたあとも、開発用の実験機として使用されつづけることもありえるだろう。旧式化した航空機がこのような役割に就くのは珍しくないので、無人機も同じ運命をたどると思われる。

超長時間滞空型偵察ドローン

戦略偵察を行なえば、外国の国境内や遠隔地で起こりつつあることについて、貴重な情報を収集できる。軍がひそかに準備態勢に入っているのを事前に警告することも、その国の政府がひた隠しにしている計画を暴くことも可能だろう。外国人を締め出した場所での新しい火器システムの試射から、化学兵器の導入、または核兵器開発計画にのっとった違法な生産施設の建設まで、さまざまな動向をうかがえる。

当然ながらこうしたデータは、地上で収集するのはほぼ不可能だ。スパイ映画のようにはうまく行かない。衛星は多くの可能性を広げているが、それでも遠隔地を監視する主要な手段が、航空機であるのに変わりはない。戦略偵察プラットフォームにはSR–71ブラックバード(Blackbird)と、それよりは地味なU–2偵察機がある。

U–2は、多くの改良を重ねながら50年以上も軍の活動を支えつづけている。実に驚くべき航空機だが、操縦には技巧が要り着陸が難しい。超高高度での飛行性能を実現するための宿命だが、おかげで決して迎撃はされない。無人の高高度偵察プラット

[左]U–2戦略偵察機は1957年に軍で使われはじめてから、アップグレードを幾度も繰りかえしてきた。退役がかなり前から予定されて、グローバルホークUAVに置き換えられる可能性もあったが、これまでのところU–2は、段階的廃止をするには惜しい働きを見せている。

[右] SR-71ブラックバード (Blackbird) は、U-2戦略偵察機の後継機として開発されて、到達高度と速度においては素晴らしい性能を発揮したのにもかかわらず、先行機より短命だった。再復帰をして1998年に引退をしたが、機体が保管されているため、超高高度長距離偵察プラットフォームとしての任務は、いまだに遂行可能である。

フォームなら、機体の小型化ができるので発見されにくくなる。また敵のスパイ機らしき相手とハチ合わせになって、撃墜されるリスクに、パイロットをさらさずにすむようになる。

　高高度長時間滞空型〔HALE〕UAVに、U-2のような有人機が遂行していた戦略偵察等の任務を移行したい、という要求が存

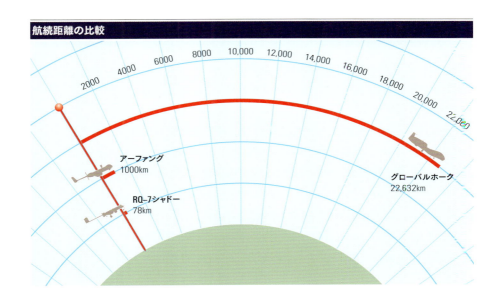

航続距離の比較

アーファング 1000km
RQ-7シャドー 78km
グローバルホーク 22,632km

第1部 軍用ドローン

[上]RQ–4Aグローバルホークはこの処女飛行以来、飛躍的な進歩を遂げている。第1ブロックのUAVは、イミント（映像情報）機器しか搭載していなかったが、最近の改良モデルはシギント（信号情報）と通信中継機器を積んで、能力の幅を広げている。

在するのはそのためである。そうした任務の中には高高度での研究の他に、将来航空機または宇宙開発のテクノロジーで使用予定の装備品やシステムの実験といったものもある。このようなUAVの開発で障害になったのは、すでに同じ任務をこなす能力をもっていた航空機の存在だった。既存の有人機はすでに老兵になっていたが、開発費がかかったのは大昔だったという利点があった。改良や新しい装備品単体の価格は、基本的に新しい種類の航空機を丸ごと開発するのにかかる費用にくらべるとはるかに安い。

それでも一定地域での継続的な監視と、戦闘区域の高高度偵察を可能にする、超長時間滞空型UAVを作る試みは着手された。こうしたドローン作りでは、能力や性能の実現のために多角的なアプローチがとられた。そして多くの場合、課題にはひとつにかぎらない解決策が示されたのである。

この場合の課題とは、カメラ等の機材を搭載して超高高度まで上昇し、その高度を維持しつつ目標地域に到達し、長期にわたって地域監視を行なうことである。この戦いで重力は手強い敵

[上]グローバルホークは、紆余曲折を経ながらも成熟して高性能なUAVになった。当初はかなり単純だった要求仕様もその途中で見直され、戦略や予算といった環境の変化により、開発に新たな試練が課されていった。

になる。重量を支えながら滞空させなくてはならない。逆にいうとそれはエンジンの出力アップと、エンジンに供給する燃料の増加、増加した重量に耐えうるようまた重くした機体を意味する。するとめぐりめぐってエンジンの出力アップがさらに必要になるのだ。

　高性能のUAVでも小型飛行機でもその解決策としては、重量を削ってかぎられた出力で最大限の揚力を得る、という効率性アップの方針をとる。その最終的な結論はUAVごとに大きな違いがある。またそうした実証ずみの性能は、次世代の高高度UAVに投入される可能性もあるのだ。

RQ−4Aグローバルホーク

　グローバルホークは当初から、無人高高度偵察プラットフォームとして設計された。が、製作の指針となる要求仕様は首尾一貫していたわけではない。予算の変動への配慮や刻々と変わる戦略環境、防衛物資調達に対する経費削減政策のために、仕様が変更されるのは必至だった。開発計画は環境の変化に適合する形で進められていった。

　グローバルホークはこのような状況に臨んだ初のUAVだったので、案の定たびたび変わる要求に対処するのと同時に、テクノロジーの実用性を確かめるため試行錯誤をしなければならなかった。第1世代のUAVだったが、開発計画が進むにつれてテクノロジーが成熟したために、まったくの何もないところからの始動ではな

かった。

　1990年代にまとめられたグローバルホーク構想は、U–2偵察機に求められていたような任務を遂行させることと、それを低コストで実現することを目的としていた。そこに電子偵察の能力がつけ加えられた。これはすなわち、照射されたレーダー波・信号の探知と、レーダー・赤外線・可視光の画像収集を同時進行させる能力である。

　このような計画によくあるように、グローバルホークUAVはいくつかのブロックごとに納入された。連続するブロックの各モデルには、新たな特色や修正がくわえられた。ブロック0は試作機の段階で、2003年のブロック10モデルが軍に実戦配備された。ブロック20モデルは2006年に量産が開始され、2009年に配備が始まった。

　アップグレード版や修正版の開発は、今も続けられている。強化されたシギント（信号情報）能力はブロック30で導入され、ブロック40のUAVは、マルチプラットフォーム・レーダー技術挿入プログラム（MP–RTIP）の搭載機に選定された。この計画はもともと、NATO中の有人・無人のプラットフォームを巻きこんで、地上監視能力を向上させる予定だったが、アメリカはUAVのみのプログラムに切りかえた。グローバルホークには将来、探知距離をのばしたセンサー機器が追加されるだろう。そうなればいつかはUAVが、弾道ミサイルの警戒能力を獲得するかもしれないのだ。

　V字型の尾翼部分や機体前部のドーム状の膨らみなど、外見は無人機のプレデターもしくはアヴェンジャーと似ているところもある。ただし、サイズは飛びぬけて大きい。1998年の初飛行モデルから現在の派生型まで、開発に開発を重ねるにしたがってサイズと重量は増大している。開発はさらに継続するだろうから、巨大化も止まりそうにない。

　この肥大化した巨体を持ちあげるために、グローバルホークは強力なターボファン・エンジンを搭載している。そのためUAVには似つかわしくなく激しい機動が可能で、離陸直後でも急上昇できる。高度約1万8300〜1万9800メートルまで到達可能で、42

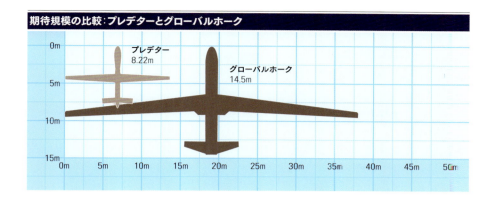

期待規模の比較：プレデターとグローバルホーク

時間飛びつづける。

このように長時間滞空しながら高速の巡航速度を保つので、グローバルホークの航続距離は非常に長い。2001年には無人機としてはじめて、無着陸で太平洋を横断する快挙をなし遂げた。ただし悪天候には弱く、除氷装置は装備していない。要するにグローバルホークは、前方の嵐を察知することができず、回避行動がとれないのである。これだけ航続時間が長いと、悪天候に出会う確率は高くなる。またU–2のような偵察機は「悪天候の上」を飛べるのに、グローバルホークはそうはできないのだ。

こうした弱みはあるものの、グローバルホークが非常に強力なセンサー・プラットフォームであるのに変わりはない。電子光学（EO）・赤外線（IR）センサーは反射望遠鏡つきで、EO・IRセンサーを組みあわせた幅広い波長での観測が可能になっている。合成開口レーダーは、地上の標的への指示機能も有している。こうした装置は、グローバルホークの統合センサーセット（ISS=Integrated Sensor Suite）とリンクしている。そこにMP–RTIPレーダーなどのセンサー類がくわわれば、システム性能はさらに強化されるだろう。MP–RTIPは電子走査のレーダーで、UAVの向きを固定して走査ビームの照準を定めるのではなく、電磁的に方向を定める仕組みになっている［アクティブ・フェーズドアレイ・アンテナを使用］。

このUAVの残存率を高めているのは、レーダー反射と熱シグネチャを最少限に抑えるステルス性のあるデザインと、多くの地対

空兵器の交戦エンベロープ［交戦できる速度、高度の範囲］の上空を飛行する能力である。グローバルホークはさらにレーダー警報受信機と機上電波妨害器を搭載しており、曳航型デコイ・システム［母機に引っぱられながら強い電波を出して、敵ミサイルを引きつける］を展開できる。

　グローバルホークの派生型やユーロホーク（Euro Hawk）などの海外モデルも作られている。ドイツ空軍のために開発されたユーロホークは、長距離海洋監視機としての要求仕様を満たすために開発された。このような役割では、先進的なシギント・パッケージとレーダーが真価を発揮する。ただしユーロホークは、ヨーロッパの空域で安全に運用するための条件を満たしていないとされて、導入を見送られている。民間機や自家用機との衝突を防止するための危機検出・回避装置を搭載していないためだ。法的基準を満たすための改善計画もあがったが、見通しは暗い［UAVではな

［左上］大型UAVの例に漏れず、ユーロホーク（EuroHawk）も有人偵察機──この場合は、アトランティック対潜哨戒機──のかわりになる航空機として開発された。ユーロホークはグローバルホークをベースにしており、シギント（信号情報）機器を追加することになっていたが、民間空域でのLAV運用をめぐる法的トラブルで、導入計画に待ったをかけられた。

［左下］NASAはグローバルホークUAVを使って、長航続時間の地球科学ミッションを遂行している。具体的には地上や海上、大気中の状態の観測にくわえて、衛星データとの対比と補正、新計器の開発などを行なっている。「温室効果ガス」の地球環境への影響も調査している。

[上]MQ-4Cトライトン(Triton)は、グローバルホークをベースにして、広域海洋監視をするUAVとして開発された。トライトンは電子光学(EO)・赤外線(IR)センサーの他に、レーダーや通信電波を探知できる機器で大洋の広範囲を監視できる。P-8ポセイドン対潜哨戒機と置き換える目的で開発された。

スペック:RQ-4Aグローバルホーク

全長	14.5m	最大離陸重量	14,628kg
翼幅	39.8m	最高速度	570km/h
全高	4.7m	航続距離	22,632km
動力	ロールスロイス・ノースアメリカF137-RR-100ターボファン・エンジン	上昇限度	18,288m
		航続時間	34時間以上

く地上ステーションで衝突回避に対応する代替え案だったが、試験飛行中に通信が途絶える問題が起こった]。

　他にもオーストラリア、カナダ、日本で導入される可能性があり、いずれの国も、海洋監視の役割と北極圏での環境データ収集に使える可能性に着目している。米海軍も、MQ-4Cトライトン(Triton)なる名称の派生型を発注した。こういったUAVは、米、オーストラリアの海軍の演習に参加して成功を収め、広域偵察載

危機検出・回避装置

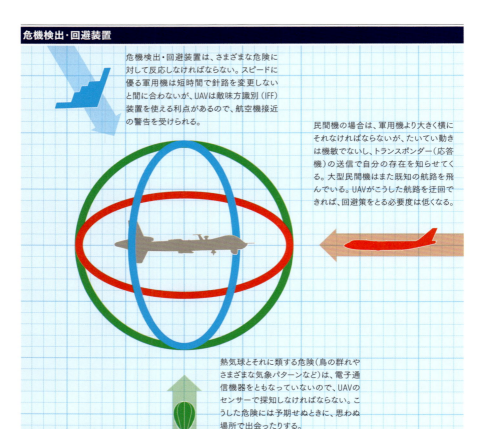

危機検出・回避装置は、さまざまな危険に対して反応しなければならない。スピードに優る軍用機は短時間で針路を変更しないと間に合わないが、UAVは敵味方識別（IFF）装置を使える利点があるので、航空機接近の警告を受けられる。

民間機の場合は、軍用機より大きく横にそれなければならないが、たいてい動きは機敏でないし、トランスポンダー（応答機）の送信で自分の存在を知らせてくる。大型民間機はまた既知の航路を飛んでいる。UAVがこうした航路を迂回できれば、回避策をとる必要度は低くなる。

熱気球とそれに類する危険（鳥の群れやさまざまな気象パターンなど）は、電子通信機器をともなっていないので、UAVのセンサーで探知しなければならない。こうした危険には予期せぬときに、思わぬ場所で出会ったりする。

力としてきわめて有用であることを証明している。とりわけその真価を発揮したのは太平洋などでの外洋作戦だった。監視範囲が広大なので、高高度長航続時間プラットフォームの出番となったのだ。

　NASAもまた、実験目的で数多くのグローバルホークを保有している。高高度の航空機とUAVは、上層大気や宇宙との境目の現象の調査で貴重な役割を果たし、地上や海上の状況監視をする用途にも投入されている。NASAのグローバルホークは、ハリケーンなどの気象現象はもちろん、大気汚染の影響も観測している。

ゼファー

グローバルホークが高高度長時間滞空型(HALE)UAVを実現するために超高性能を追求したのに対して、ゼファー（Zephyr）はその対極のコンセプトを結実させている。主翼の小さなプロペラ2基で飛ぶゼファーは、いかにも脆そうに見える。機体のほとんどを占める長い主翼には、太陽光パネルが載っている。これで日中UAVのバッテリーに充電して、夜間でもモーターやシステムを動かすのだ。

ゼファーの巡航速度は、時速55キロときわめて控え目だ。2万1000メートルを超える運用高度まで、ゆるゆると上昇していく。1日かけて約1万2200メートルに到達し、2日目にようやく運用高度までたどり着く。高速応答型のプラットフォームでは決してないが、もともとそういうふうにはできていない。ゼファーはむしろ、最大3カ月におよぶ期間滞空しつづけて、監視能力を継続させるのに都合のよい構造になっている。この能力が新たな領域に活用されることもありえるが、今現在は監視のみである。

つい最近まで、このような航空機を作るテクノロジーは存在しなかった。このタイプのUAVの製作でいちばん苦労したのは、重量を最少限に抑えることと、モーターや電子機器にじゅうぶんな電力を供給または充電することだった。ゼファーのプロペラを駆動する小型電動モーターは省電力タイプだが、モーターとバッテリーは比較的重い。ただしゼファーは燃料が要らないので、ベ

［下］ゼファー（Zephyr）の機体はきゃしゃに見えるが、気象現象が起こる高度より上空を飛行するため、強風と戦わなくてもよい。ただし、じゅうぶんな高度に上昇するまでのあいだや、地上に降下するときは別である。運用高度に到達するまで、何時間もかかってゆっくり上昇するしかないので、成功させるためには、気候が穏やかな時間帯を選んで発射することが重要だ。

航続時間の比較：グローバルホークとゼファー

イロードの重量が減るばかりでなく、燃料補給のためにいちいち基地に戻る必要がない。理論上は、高度1万5200メートル以上に留まれる太陽エネルギーがあるかぎり、半永久的に飛びつづけられることになる。

　機体は炭素繊維でできており、低抵抗で高揚力を生む形状になっているので、ゼファーを滞空させつづけるために必要な総出力をさらに引き下げている。これほど軽量化された機体はとくに悪天候に弱い。ただゼファーの運用高度は、気象の影響を受ける高度より上空に設定されているため、目標高度に届いてしまえばまったく問題はない。上昇時には晴天がじゅうぶん長く続く「発射可能時間帯（ウインドウ）」が必要だろうから、発射時間は地上の条件によって多少限定される。ただしそういったことも、いったん発進したら何カ月も航行できる能力で埋めあわされる。

　発射には5人の人手とちょっとしたチームワークが必要だ。発射チームは、このUAVを高く掲げて風に向かって走る。そうして最初に勢いをつけて揚力を生じさせると、エンジンが徐々に加速して、ゼファーは長い上昇を開始し高所に向かう。少し泥臭いやり方だが、このような発射方法だと壊れやすい機体にあまり負荷がかからない。しかもゼファーは車輪がなくても離陸できるのだ。

[上] グローバルホークは戦闘機のように急発進するが、ゼファーは人力で発射される。5人チームがゼファーを掲げながら走り、じゅうぶんなスピードに達すると果てしなく緩やかな上昇が始まる。素人っぽいやり方に思えるかもしれないが、この先進的なUAVの驚異的な航続時間と高高度達成能力を実現しているのは、この発射方式なのである。

戻ってきたときは胴体着陸するが、軽量であるために超低速で降下しても失速しない。それで機体も傷つきにくいのだ。

このようなタイプの超長時間滞空型UAVは、長期にわたる地域監視をわずかなコストで行なえることが一番の長所になる。すばらしく高性能な計測器パッケージを積むのは不可能だし、兵装の搭載はもちろん問題外だ。だが同じ情報源から固定的に情報が流れてくるとしたら有益このうえないだろう。

ゼファーの計装などのペイロードは、着脱式のポッドに収納されている。通常はその中に軽量の電子光学装置が入っているが、通信中継装置を搭載することもある。それ以外にも、多様な目的を満たす搭載システムの開発が進んでいる。

ゼファーはこれまですでに、長時間連続飛行記録や最高高度記録など、無人機にかんする7つの世界記録を樹立している。ゼファーが組みいれられている高高度疑似衛星（HAPS）計画は、軌道衛星のかわりに低コストのドローンが使えるかどうかを探っている。高高度ドローンは衛星と同じ方式で通信中継装置として働き、地平線の向こうまで信号を跳ねかえせる。ところがUAVはとんでもなく安価で、製作方法も簡単なのである。

長時間滞空型偵察ドローン

軍事技術の例に漏れず、UAVの設計者も性能に対するコスト、または新たなテクノロジーや装置の導入にともなうリスクとのバランスをとる必要があった。潜在的に優れたシステムを目玉に製作されたUAVも、期待どおりの性能を発揮できなかったら、発注がかからなくて開発者は大金を失うはめになる。同様に超高性能のUAVは、多くのユーザーにとっては手が届かないかもしれない。適切な覆域をカバーする数をそろえるのが無理な場合もあるし、場合によってはたった1機の見本では、たとえどんなに優れた性能があっても、高価な買い物をする裏づけとしては弱い場合もあるかもしれないのだ。

軍はたいてい、最上級モデルと最普及モデルを並行して導入する方針をとる。高価で高性能のシステムを少数購入する一方で、基本的な機能をもつモデルを多数そろえて、適切な覆域を確保できるようにしているのだ。ドローンが適度な量の情報を収集して地上の多くの部隊に提供するのであれば、ハイテクをきわめたモデルを局地的に配置するより有用であることが多い。

長時間滞空型偵察無人機(ドローン)はさまざまな種類が手に入り、戦略

[左]情報の処理と配信は、軍事作戦の重要な部分を占める。司令官や部隊長の統括する階層が違えばその要求も異なってくるので、伝送されてきた同じ生データにフィルターをかけて、それぞれに供給することも多い。UAVによって新たな情報収集のチャンスが開けたが、そういった情報を処理する技術もそのペースについて行く必要がある。

的、戦術的レベルで価値の高い偵察を行なえる。地上の中隊指揮官は早急に、自分のすぐ近くで何が起こりつつあるのかを知らなくてはならない。一方、その親部隊にあたる師団の作戦参謀は、さらに広い視野から中長期的に敵の戦闘能力や意図を探る必要がある。情報が適切に処理されてタイミングよくふり分けられるなら、どちらの場合も同じUAVから収集された情報を活用できる。

　そのため情報処理のスタッフは、テクノロジーの進歩に遅れをとらないように手順を考案しなければならなかった。情報が多すぎるのも少なすぎるのと同じくらい問題になる。データの洪水の中で敵部隊を逃しても、ただ見えなくて逃しても、結果に変わりない。偵察無人機を単独で考えるべきでないのはそのためだ。UAVの誘導ステーションでの情報処理技術は、あらゆる点で情報をもたらすセンサーに匹敵する重要性をもつ。ドローンは、素晴らしいメリットを生むパッケージの一部分であるが、それを実現するためには、すべての構成要素がうまく活用されたうえに、収集されたデータを最大限に活かす方法をスタッフが理解していなければならない。

ファイアビー

　ライアン社のファイアビー（Firebee）は、1950年代に無人標的機として使われはじめた。訓練で高速の航空機やミサイルをシミュレートできるジェット標的機が必要になり、それに応えるために開発されたのである。ファイアビーは当初から、再使用が可能で電子機器を搭載できる仕様になっていた。機上採点システムを有し、翼端から散布したフレア［赤外線を輻射する］に赤外線ホーミング誘導ミサイルを引きつけて、機体から狙いをそらすこともできる。

　ファイアビーは、敵となりえる多様な相手を模倣するために、構造の変更ができる。対抗手段を展開できるほか、敵の領空に「突撃」侵入する高速の爆撃機のように、高速で超低空飛行をすることも可能だ。攻撃が成功したあとパラシュートを開くと、空中でヘリにキャッチされるか、着水して浮かんでいるうちに回収される。ファイアビーの多くが何度も無事に回収されて長いキャリアを

築いており、空中または海上での回収回数を示すマークをつけている。

1960年代には次第に、ファイアビーUAVを高高度の戦略偵察に利用できることがわかってきた。そこでレーダー・シグネチャを低減するための改良がくわえられた。それまでのシミュレーションで数多くの迎撃や撃墜をして得られた経験も、その中で活かされた。こうした改修は現代の基準からするとごく基本的なことで、主に空気取り入れ口のフィルターを作り変えてレーダー反射を抑える、外面に電波の吸収材料と同じ効果をもつペイントを塗る、

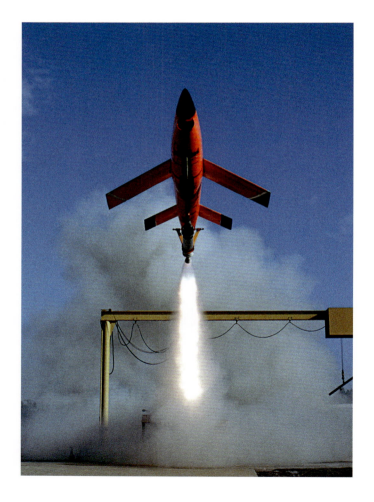

[左] もともとファイアビー（Firebee）UAVが1951年に就役したときは、標的機としての役回りだった。その際は翼下の発射機から投下されるか、ロケット補助離陸のブースター、ラトー（RATO）を使って、地上から離陸していた。1960年代からは、情報収集プラットフォームとして使用されはじめた。

[上] 無人機のファイアビーは当初、A-26インベーダー爆撃機の翼下から空中発射されていた。第2世代のファイアビーは1960年代に開発されて、Q-2CもしくはBQM-34Aと名づけられ、C-130ハーキュリーズ輸送機の翼下パイロンから発射された。この発射母機は、最大4機のファイアビーを発射・誘導できる。

といったことが行なわれた。ファイアビーの偵察モデルに、C-130誘導機から発射されたあと、高度2万2900メートル弱で数時間滞空できた。直接命令を送ることも可能だったし、あらかじめ定めた航路を飛ぶように設定した場合は、目標地域を離れたあと回収もできた。ファイアビーは、長いキャリアの中で何度も実戦配備され、北朝鮮ではシギント（信号情報）と通信傍受の活動についていた。

このUAVは就役して以来、エンジンと新しい能力のアップグレードをくりかえしている。その多くは無人標的機として使われたが、少数は偵察プラットフォームとして配備された。またしばらく経つとそれ以外の用途も見つかった。たとえば2003年には、

ラクへの航空攻撃に先立ってチャフをバラ撒き、イラクの防空レーダーを混乱させている。こうした発想はとくに新しくはなく、第2次世界大戦にはじめて試みられた戦術である。ただそれまでは、有人機が防空域に入る必要があった。ドローンを飛ばしてチャフを散布させれば、有人機のリスクを大幅に軽減できる。

　ファイアビーUAVは通常、C–130輸送機の主翼下にあるパイロンに搭載されて運ばれ、そこから放たれる。補助ブースターを使えば、地上からの発射も可能だ。最近のファイアビーはGPS誘導を使い、多様な標的をシミュレートできる対抗手段を幅広くそろえている。演習中の損害評価といったような任務もこなしている。

RQ–170センチネル

　2007年に初飛行して以来、RQ–170センチネルの製造数は20機程度と比較的少数にとどまっており、大々的な配備にはいたっていない。情報・監視・目標捕捉および偵察（ISTAR）計画専用のプラットフォームで、航空攻撃後の損害評価にも使われている。

　RQ–170センチネルは、見るからにステルス有人機との類似性を呈している。とくにB2スピリット爆撃機や退役したF–117ナイトホーク「ステルス」戦闘機とはそっくりだ。「全翼機」の形状は、低視認性のために採用されている。それゆえ防空網が張りめぐらされていても、あるいは探知活動がわかると不要なもめ事が起こりそうな政治的環境であっても、偵察任務を遂行できる。

　機体構造のほとんどが軽量の複合材でできているので、同じ強度の金属とくらべるとレーダー反射も低減される。ターボファン・エンジンで駆動して、おそらくは高い推力重量比を実現しているのだろうが、性能の詳細はほとんど明らかにされていない。同様に実用上昇限度も不明であるが、上昇限界高度は1万5200メートル程度の中高度域であると想像される。航続時間はまちがいなく重要な要素だが、これもまたベールに包まれている。

　センチネルは武器を搭載しない。最初から秘密情報収集活動のための設計になっているのだ。電子光学カメラが機首の下に

［上］RQ–170センチネルUAVは謎に包まれているが、シギント（信号情報）やイミント（映像情報）の装備を積んだステルス機のように見える。RQ–170は、オサマ・ビン・ラディンが潜伏していた屋敷の監視情報を送り、地元の無線を傍受することによって、殺害作戦に貢献したとも伝えられている。

搭載されており、左右の翼の上面には電子光学(EO)・赤外線センサーが組みこまれている。合成開口レーダーと電子式走査レーダーは、胴体部のフェアリング［空気抵抗を減らす目的で覆う部品］に収納されている。また電子戦やシギントのペイロードや、兵器開発施設を発見するための放射性粒子検出器を搭載することもある。

　このUAVにステルス性があり、核兵器開発計画を探り当てる能力があることから、RQ-170センチネルがアフガニスタンに送れたのは、むしろイランを監視するためだったのではないかと見方もある。タリバンの手元には高度なレーダーはないので

［左］2011年末にイラクで墜落したRQ-170センチネル（Sentinel）。原因はシステム障害だといわれている。イラン政府は鹵獲（ろかく）した機体をパレードで披露し、砲撃もしくは何らかの誘導の妨害によって撃墜したと主張した。このUAVを分解してコピーしたとする主張と同じく、その言い分も多分に眉つばものである。

　実際アフガニスタンではステルス・ドローンを飛ばす必要性はない。それでも、運用経験を積むため、あるいはただ利用可能だったからという理由で、投入された可能性は否めない。

　センチネルUAVが2007年にアフガニスタンで活動を開始した事実は、2009年にあっさり認められた。韓国軍でも採用されており、北朝鮮の動向を監視する任務をU-2偵察機から受けついでいる。アフガニスタンを拠点とするセンチネルUAVがイランで消息を絶ったことから、偵察のためにこの国を領空侵犯していた事実も明らかになった。ただしだからといって、それが唯一の任務だったわけではない。実をいうと、アルカイダの指導者オサマ・ビン・ラディンの殺害計画は、センチネルが収集したデータにもとづいて練られたのである。

　このUAVは地上ステーションによってコントロールされるが、大半の任務は人の手を借りずに遂行できる。航空機である以上、運用中の墜落は避けられないかもしれないが、その可能性は頑丈な電子機器の重複設置や、自動帰投システムで最小限に抑えられる。センチネルUAVは完全自動の離着陸が可能になっている。無線が途切れたとしても、可能であれば基地までのルートを探索して着陸するだろう。重大な故障や敵の攻撃がなければ、墜落するようなことはない。

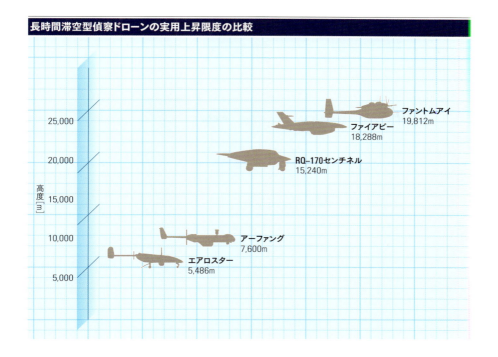

長時間滞空型偵察ドローンの実用上昇限度の比較

　イラン当局は、この国で墜落したRQ–170を解析して、自分たちで無人機を作ったと発表した。武装も可能だという。これはとうていありそうもない話だ。センチネルは非常に複雑な構造をしているので、短期間にその秘密を知って改良バージョンまで作りあげられる者がいたとしたら、とっくの昔にこれを超える無人機を飛ばしているはずで、解析など必要ないと思われるからだ。

エアロスター

　エアロスター（Aerostar）は双垂直尾翼と、一部のUAVメーカーが好むプッシャー式プロペラを採用している。そのため機首にカメラを搭載できるほか、機体を区分けしてペイロードの格納室を動力部より前に設けられた。2000年に発表されると、イスラエル国防軍（IDF）にすぐさま採用されて、戦術偵察や国境警備、治安維持に投入されている。他のユーザーもそれに倣った。エアロスターUAVはイスラエル警察の採用テストも受けている。

[左上]エアロスター(Aerostar)の使用する統合飛行誘導システムは、離着陸を含めて運用中は片時も休まず処理を行なっている。ナビゲーションやエンジンの出力、機首方位、ペイロード管理がこのシステムの管轄下にある。オペレーターは、UAVの行き先や監視の対象などについて大ざっぱな指示を出したら、細部を気にかけなくともよい。

[左下]エアロスターのようなUAVは、従来型航空機の構造をしているので、先進的なステルス全翼機型にくらべると開発はしやすい。プッシャー式プロペラをそなえた小型機の設計はペイロード重量比がよく、ペイロード搭載箇所に最大限のスペースを作れるほか、前方監視をする計器の視界を妨げない。

　交通監視や容疑者の車輌の追跡には、昔からヘリコプターが使用されている。UAVなら同じ能力を低コストで提供できるし、有人ヘリより長時間滞空できるだろう。日常的に交通監視をする小型ドローンは気づかれにくいので、ドライバーはいつも監視されているのではないかと思い、安閑としていられなくなる。そうした効果でスピード違反などの交通違反は、減少するのではないかと期待されている。

　このようなドローンの使い方は卑怯だと感じる者もいる。ドライバーは、法律を破ってすり抜けられるタイミングがわからなくなるからだ。だがイスラエルの法執行機関はそうは考えていないようだ。テスト運用では警察車輌にエアロスターの制御装置が設置され、

運転手が次から次へと停車を命じられて、さまざまな違反を犯している自分のビデオを見せられた。この企画はドライバーの教育の観点からも、違反の起訴という点からもおおいに有望視されたので、目下UAV交通監視の大々的な導入が検討されている。

エアロスターは、相互運用性(インターオペラビリティ)と柔軟性を念頭に開発された。柔軟性は輸出先を探すときに重要だ。実際の使用者(エンドユーザー)が特定のセンサー装置や任務機器パッケージを搭載する予定で、ドローンを選んでいるのかもしれないからである。輸出を好調にしたければ、多様なパッケージを収容できる設計にしなければならない。

相互運用性にこだわるユーザーばかりではない。ドローンの単独使用が好まれるケースもある。たとえばエアロスターは、プレデターやリーパーなど他のUAVに導入予定の危機検出・回避装置のテストに使われている。この用途では他のシステムと統合する必要はない。とはいっても、ネットワーク中心の手法を支持する者にとっては、ヘリや軍艦といったプラットフォームとつながった

[下]エアロライト（Aerolight）UAVは短時間で組みたてられて、カタパルトもしくは通常の滑走路から発進する。離着陸は完全自動化されており、いったん飛びたてば、オペレーターはマニュアル誘導と自動操縦のいずれかを選択できる。

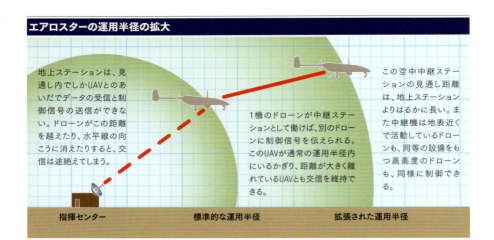

スペック：エアロスター

全長	4.5m	最大離陸重量	220kg
翼幅	8.5m	最高速度	200km/h
全高	1.3m	上昇限度	5,486m
動力	1×ザンゾッテラ498i 2ストローク水平対向エンジン	航続距離	250km
		航続時間	12時間

UAVは、心強い戦力になるだろう。

多くの偵察UAVがそうであるように、エアロスターは指揮所にリアルタイムでデータを送りかえす。そしてそのデータは必要に応じて指揮所から拡散される。指揮所は、複数のドローンを扱う誘導センターといった形をとっても、携帯式のペイロード誘導ステーションであってもよい。後者の例では目標地域に接近したオペレーターが、近くを飛んでいるUAVに情報収集の途中であれこれ指示をして、そのつど必要な情報を正確に取得することができる。それで任務段階の計画立案がさらに実状に即したものになり、地上部隊が移動する直前の地域偵察も可能になる。

このUAV自体操作が簡単で、うっかりミスの防止が最大限可能になっている。重要なコマンドを入力すると誘導ステーションが問いかえしてきて、オペレーターに危険をともなうかもしれない機動を確認または中止するチャンスをあたえる。ただし飛行のほとんどの部分では、GPSと慣性航法による自律化が実現されてい

る。ペイロードには電子光学（EO）・赤外線（IR）センサーにくわえて合成開口レーダー、電子戦または情報戦のためのパッケージが入っている。必要な場合は複数のパッケージを積めるので、ひとつの任務で幅広い能力を発揮できる。

指令信号を1機のエアロスターから別のエアロスターに中継すれば、エアロスターの運用半径を拡大することも可能だ。管制距離は地上ステーションからの見通し内にかぎられるので、このように中継すればオペレーターは衛星リンクを使わなくても、「地平線の向こう」のドローンを誘導できる。UAVに装備されている指向性アンテナは、高高度で活動している別のドローンを、地上のアンテナが接触を維持できる距離をさらに延長して「見る」ことができる。この中継システムで、基地からの距離が大きくなるほど高度を上げる必要性はなくなる。中継された信号は、降下して標的にカメラを向けるという、他の手段では不可能な探査の仕方をしているドローンにも受信できる。

ヘロンとアーファング

1994年に初飛行したヘロン（Heron）UAVは、双垂直尾翼とプッシャー式プロペラをつけている。海外市場では文字通り飛ぶように売れて、世界中のさまざまな軍で活躍している。中高度長時

［下］2008年から2009年にかけて、イスラエル軍は試験的にヘロン（Heron）UAVを旅団レベルに組みいれて、状況判断や戦場監視で成果をあげた。UAV飛行隊を指揮系統の比較的下位に置くことによって、イスラエル軍は情報をいちばん欲しがっているところの、タイムリーな配信を実現させたのである。

スペック：アーファング	
全長	9.3m
全幅	16.6m
動力	1×ロータックス914Fターボチャージャーつきエンジン
最大離陸重量	1,250kg
最高速度	207km/h
上昇限度	7,600m
航続距離	1,000km

［上］アーファング（Harfang）UAVは、そもそもフランス軍がイスラエルから製品化されたUAV（ヘロン）を購入して、調達不足を解消しようとしなければ誕生していなかった。ヘロンを改修したアーファングは、教皇の訪仏の際の警備やリビアでの軍事偵察など、さまざまな役割で実績をあげている。

　間滞空型（MALE）UAVとして開発されたヘロンは、シギント・通信傍受機器、電子光学（EO）・赤外線（IR）カメラ、レーダーなど、さまざまな任務機器パッケージを搭載できる。これまでこなしてきた任務は、戦場監視、ミサイル・ロケット攻撃の警戒から、砲撃の照準修正にいたるまで多岐にわたる。

　このUVAは、見通し内の無線指令または衛星インターフェースを使えば、地上ステーションからの直接操作もできるし、みずからの判断で動くこともできる。任務パッケージも同様に、直接制御も、事前設定パラメーターにしたがった稼働も可能になっている。ナビゲーションにはGPSを使用し、離着陸は完全自動化

されている。また制御信号が途切れたときも、帰投して着陸するようプログラムされている。

ヘロンはアフガニスタンなどさまざまな紛争地域で使われている。その皮切りはガザ地区だった。イスラエル国防軍は2008、2009年にガザ地区で、ヘロンをはじめとするUAVを大量投入して戦術偵察や戦場監視を行なった。この侵攻作戦は、地上軍とその支援をする砲兵隊、空・海軍の部隊などが緊密な連携をしていたのが特徴的だった。複雑で混迷をきわめる戦場でも、異なる軍隊組織の部隊間で情報や偵察データが迅速に伝達されたために即応が可能だった、といったことも特徴に数えられよう。

多くの国が量産モデルのヘロンをそのまま購入したのに対して、フランスは派生型を開発する選択をして、アーファング（Harfang）と名づけた。当時フランス軍ではRQ–5ハンターUAV隊が現役だったが、このUAVはその新旧交替を目的に開発された。初飛行は2006年で、2008年には軍での使用が開始された。以来アーファングは、アフガニスタン、マリ、リビアでフランス軍の作戦行動を

［下］ヘロンTP は、イスラエルのオペレーターにはヘロン2またはエイタン（Eitan）と呼ばれることもある。このUAVは通常の偵察や監視の任務にくわえて、戦略ミサイル防衛や空中給油の能力を発揮できる。高高度で活動できるため、多くの敵の迎撃能力を凌駕する。

支えている。ローマ教皇が2007年にフランスを訪れた際も、安全対策のために配備された。

その一方でヘロンの新型モデルも開発されて、ヘロンTP（通称エイタン、Eitan）と命名された。エイタンはヘロンのレパートリーに、空中給油などの新たな能力をくわえている。高高度での運用が可能で、除氷機能があるので気温が低い高所でも活動が妨げられない。装置によってはUAVに搭載するにしても、他とは異なる配置にしなければならないものがあるため、エイタンには数カ所の格納室と、搭載品目の取りつけ位置がある。任務に応じた最適化を可能にしているのである。

エイタンUAVはまた先行機とくらべると、エンジンが強力になり航空電子装置（アビオニクス）が改良されている。商業路線が使用する高度の上を飛ぶこともできる。1万2000メートル弱まで上昇して、最大36時間まで任務を継続する。仲間のエイタンから空中給油を受ければ航続時間は延長されるので、航行時間は大幅にのびる可能性がある。

ファントムアイ

2012年に初飛行したファントムアイ（Phantom Eye）は、液体水素を燃料とした初のUAVである。搭載される双発エンジンは地上車のガソリン・エンジンを改造したもので、ターボチャージャーがついているので、高高度など、酸素が少ない環境での稼働が可能になっている。このシステムは二酸化炭素排出量が低いのが特徴的だが、軍用機にそのような配慮があるのは奇異な感じがするかもしれない。ところが近年では軍でも、プロジェクトに予算をつける判断で、環境問題が考慮されるようになっているのだ。将来はこういったことが、ますます防衛物資調達の重要な要素になっていくのだろう。

運用面にかかわるところでは、水素エンジンは低燃費なので、開発するドローンが継続的な情報収集やそれに類する長航続時間の活動をする際には、このことが決定的な重要性をもってくる。ファントムアイは幅広い任務を遂行できるが、そのすべてが軍事

[上]ファントムアイ(Phantom Eye)は、液体水素を燃料とする初のUAVだ。水素は燃費が優れているというメリットがある。そのためファントムアイは、1度の飛行で4日間高高度を維持できる。このUAVでの開発経験を活かして、1週間以上航続できる次世代の水素燃料ドローンが開発されつつある。

目的にかぎられているわけではない。ペイロードを交換すれば、環境監視といった科学的用途にも使用できるだろう。通信中継プラットフォームとしての用途も提案されている。ドローンの中継で、送受信が途切れない範囲を拡大するのである。

レシプロエンジンを超高高度で稼働可能にするにあたって遭遇した課題は、決して小さくなかった。地上の施設で高高度の状態を再現して、徹底的なテストを行ない、改良を重ねたのちにUAVに組みこまれて、運用可能になったのだ。エンジンは、ただ空気が希薄で寒冷な状態で性能を示すだけではなく、長時間それを維持する必要があった。

ファントムアイの全体的な設計では、ステルス性よりも効率性が重視されている。1万9800メートル強という超高高度で活動できるために、迎撃される可能性が低いためだ。そうしたことを考慮して、設計者は主に最大積載量や高度、滞空時間の向上に大

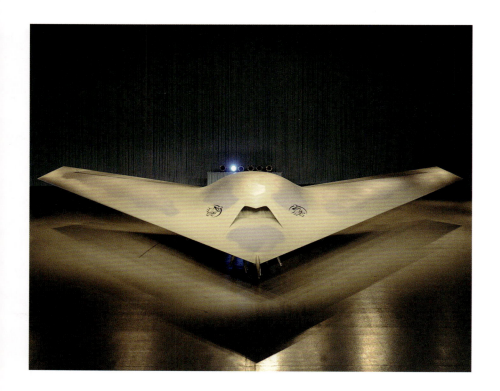

［上］技術実証機のファントムレイ（Phantom Ray）がベースとしているのは、先行機のX-45（米海軍の無人艦載空中偵察攻撃機UCLASS計画の候補機）と、ファントムアイで実証ずみのコンセプトである。ファントムアイより揚荷能力と性能に優り、航続時間が10日以上のびている。

を注いだ。それより前に開発されたコンドルUAVは、レシプロエンジン搭載機の最高到達高度の記録をうち立てており、その開発経験も役に立った。コンドルはまた、完全自律飛行を実現した初のUAVでもあった。

　ファントムアイは必要に応じてマニュアル操縦もできるが、自律的な離着陸と飛行が可能で、制御信号が届かない場合は自動的に安全に着陸する。地上ステーションとは衛星リンクを介して交信する。そのためUAVからのリアルタイムのデータを地上ステーションが回収して、必要に応じて配信することが可能になっている。

　この無人機は、偵察のための電子光学（EO）・赤外線（IR）センサーを搭載できるが、それ以外にも多様な任務機器パッケージを積みこめる。たとえば大型の燃料タンクを追加すれば、滞空時間はさらにのびる。このUAVの標準的な航続時間は4日間程度と報じられているが、開発者は設計を理想に近づけて、7日から

10日を超えるところまでのばしたいとしている。
　その大型化モデルはファントムレイ（Phantom Ray）と命名され、2011年に初飛行した。航続時間をのばし、揚荷能力を増加する設計で、これまでは高高度でのテクノロジーやUAV搭載システムの実験機としての用途が目立っている。

中距離偵察ドローン

中距離ドローンは、能力の追求はひとまず措いて比較的小さなサイズを実現している。おかげで運搬しやすく敵に発見されにくくもなっているが、だからといった必ずしも有用性が低いわけではない。たしかにUAVが小型化するにつれて揚荷能力もペイロードのスペースも減少するので、大型のドローンほど多様な装備は搭載できないが、テクノロジーの進歩とともに小スペースでもできることは増えている。

中型ドローンの搭載スペースが手狭なことへの解決策のひとつに、ペイロードをモジュール化して、任務の必要性に応じてセンサーなどの機器類のパッケージを入れ替える方法がある。あるいはセンサー・パッケージ1個をドローンの構造に組みこんでもよい。柔軟性はあまりないが、着脱のたびに他の装備に接続する手間も、センサー・パッケージにアクセスする手間も必要なくなるし、最大限の効率が得られる場所に設置できる。

[左]フューリー（Fury）1500 UAVは、圧縮空気式カタパルトを使って場所をとらずに発射できるので、立てこんだ地形や水際、船舶からも運用できる。回収方法もほとんどスペースを必要としないため、小型船舶からの使用も可能になっている。

ドローンのサイズ・ダウンでもうひとつ問題になるのは、搭載システムへのじゅうぶんな電力供給である。カメラ程度だったらほど電力は要らない。が、レーダーや通信機器はかなり電力を食う傾向がある。バッテリーが頼りのドローンが、モーターを動かしながらこのようなシステムを稼働できる時間は長くない。ところが燃焼エンジンを使用すると、燃料があるかぎり、飛行のための出力を生みだしながらすべてのシステムを動かせるのだ。

　そうなると中距離UAVは、使用できるペイロードを運べるだけの大きさはあるが、輸送や発射が困難になるほど大きくはないというのが最適の大きさになる。設計者は、どうしても載せたい部品をはめこむため、また能力を追加するために、ほんの少しだけでも機体を大きくしたい衝動に駆られるだろう。だがそうしてしまうと必ず、意図した目的のわりにはドローンが大きくなりすぎたり、高くつきすぎたりするジレンマにおちいるのだ。

フューリー1500

　フューリー（Fury）1500は「滑走路不要航空機」である。圧縮空気式カタパルトで射出されて、ネットで回収される。航空機タイプのドローンほど颯爽としていないかもしれないが、他の方法でUAVの運用が無理であるような小型船の上や狭い場所でも、この離着陸方法で使用が可能になる。

　先進的な三角翼（デルタウイング）を採用しており、後部の3枚羽根プロペラを重質燃料エンジンで駆動している。これで搭載システムにも、大きな電力を供給している。フューリー1500は、「このクラス最高の機上発電をセールスポイントにしているのだ。

　このUAVは、電子光学（EO）・赤外線（IR）カメラや合成開口レーダーにくわえて、電子、信号および通信情報機器を装備できるので、さまざまな情報収集任務を遂行できる。そうした電子機器は、妨害（ジャミング）などの強力な電磁気効果を防ぐために、電磁シールドがほどこされている。ペイロードの装置類は、接続したらすぐ使える「プラグ＆プレイ」仕様が基本なので、必要に応じてパッケージの交換ができる。

フューリー1500の離着陸方法

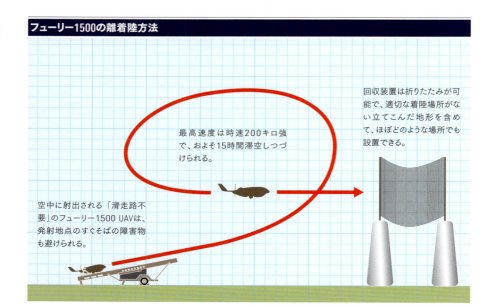

空中に射出される「滑走路不要」のフューリー1500 UAVは、発射地点のすぐそばの障害物も避けられる。

最高速度は時速200キロ強で、およそ15時間滞空しつづけられる。

回収装置は折りたたみが可能で、適切な着陸場所がない立てこんだ地形を含めて、ほぼどのような場所でも設置できる。

　誘導は、見通し内データリンクもしくは衛星通信を介して地上ステーションが行なう。UAVからのデータはすべて、地上ステーションで処理されたあと配信される。高度4500メートル強まで到達可能で、巡航距離は2700キロを超える。この距離は運用半径とは違い、ドローンが直線で飛行できる最大距離を示している。運用半径はこの数字の半分にも満たないだろう。監視や偵察の任務で迂回や後戻りする時間が、いくぶん割りびかれるからだ。最大任務時間は、航続時間の約15時間にあたる。

ファルコ

　ファルコ（Falco）UAVは、パキスタン政府の要求を踏まえてイタリアで開発された。パキスタンでは深刻な国土安全上の問題が起こっており、ところどころ人の住めない場所がある未開の広地にも、監視の目を届かせる必要があった［2004年以来、タリバンとのあいだでワジリスタン紛争が継続中］。アフガニスタンと中東にはさまれている位置関係からすると、この国が目下動乱の影響を受けるのは必然といえる。地上の広大な領土をパトロールするのに適当な戦力は

［右］ファルコは完全自動の離陸が可能で、設備の整わない条件でも短距離離着陸が可能な装備をしている。着陸はふつう従来どおりの方法で行なうが、必要ならパラシュートを開いて地上に戻ってくる。このUAVの降着装置と全体的な構造は頑丈なので、荒っぽい着地をしても、機体もデリケートなペイロードも壊れない。

[上]ファルコ（Falco）の翼下には2カ所のハードポイントがある。総重量25キロの小型兵装なら搭載できそうだ。かなり控え目な攻撃能力なので、大規模な戦闘よりは反乱者を相手にする小規模な作戦に向いているが、ファルコのオペレーターはそれでも、対反乱作戦に有効な能力を手にしたことになる。

なかったが、ドローンなら費用対効果の高い解決策になるだろう。

　ファルコは今現在偵察しかしていないが、左右の翼下にひとつずつハードポイントがあり、小型ミサイルを搭載できる。おそらくそれはレーザー誘導の精密兵器になって、ファルコも限定的な攻撃能力をもつことになるだろう。その一方でこのUAVは、軍の偵察プラットフォームや安全対策の戦力としての活躍が目立っており、国境警備から水産資源の保護、さらには密輸防止の対策まで、多彩な用途にあてられている。

　センサー・パッケージには、電子光学（EO）・赤外線（IR）センサー、レーザー指示器の他に、目標地域で大量破壊兵器や有害な化学物質の使用などを検知するNBCセンサーが含まれている。それにくわえて合成開口レーダーもしくは海洋監視レーダーを

ファルコ搭載のNBCセンサー・システム

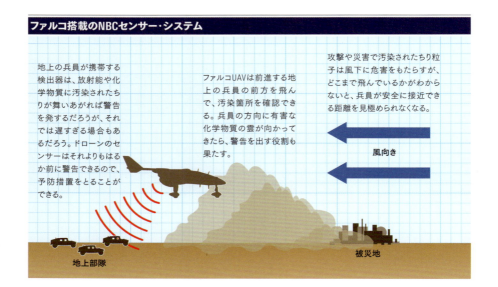

地上の兵員が携帯する検出器は、放射能や化学物質に汚染されたちりが舞いあがれば警告を発するだろうが、それでは遅すぎる場合もあるだろう。ドローンのセンサーはそれよりもはるか前に警告できるので、予防措置をとることができる。

ファルコUAVは前進する地上の兵員の前方を飛んで、汚染箇所を確認できる。兵員の方向に有害な化学物質の雲が向かってきたら、警告を出す役割も果たす。

攻撃や災害で汚染されたちり粒子は風下に危害をもたらすが、どこまで飛んでいるかがわからないと、兵員が安全に接近できる距離を見極められなくなる。

風向き

地上部隊　　被災地

スペック：ファルコ

全長	5.25m	最大離陸重量	420kg
全幅	7.2m	最高速度	216km/h
全高	1.8m	上昇限度	6,500m
動力	1×ガソリン・エンジン	航続時間	14時間

[左]ファルコの地上ステーションは、UAVからほとんどリアルタイムでデータを受信し、ビデオクリップや静止画像、センサーの読み出しといった形で、司令官や部隊長に情報を伝達できる。地上ステーションは、訓練用のシミュレートや任務の計画立案にも使用できる。

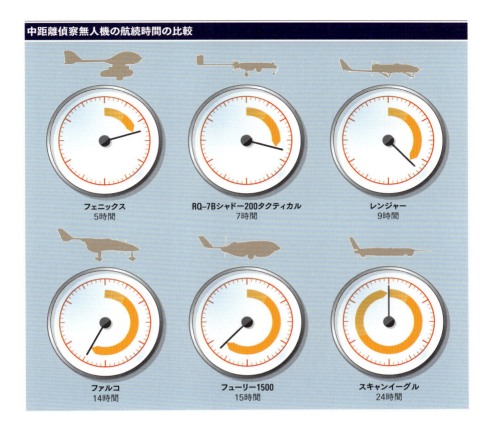

中距離偵察無人機の航続時間の比較

フェニックス	RQ-7Bシャドー200タクティカル	レンジャー
5時間	7時間	9時間

ファルコ	フューリー1500	スキャンイーグル
14時間	15時間	24時間

搭載できるほか、数々の電子戦機器も装備できる。

　ファルコはパキスタンの環境下での運用を目的に設計されているが、北ヨーロッパの寒冷多湿な気候をはじめ、さまざまな環境でもテストされている。未整備な滑走路からの短い助走の離陸も、圧縮空気式カタパルトによる発射も自動で行われる。おかげでかなり立てこんだ地形でも、さほど運用に支障をきたさなくなっている。回収する際は、UAVの内蔵システムによる自動制御で、従来のような車輪での着陸ができる。あるいは逆噴射などをする「戦術短距離着陸」モードにも切りかえられる。またスペースがなくてそれすらも難しい場合は、パラシュートを開いて垂直に降下する。

　標準的な配備では、UAV 4機に誘導ステーション1基とデータ処理ターミナル1台をくわえた編制になる。ドローンの誘導ステー

［左］フェニックス（Phoenix）UAVの運用は成功にはいたらなかった。複雑な設計のために、仰向けに着陸して機体に吊りさげた機器類を守らなくてはならなかったからだ。公式には非常に役に立ったと評価されているが、フェニックスと現場でかかわった人間からは不平不満が噴きだしてくる。

ションによくあるように、ファルコの誘導システムにも、訓練や任務の計画立案のためのシミュレーション・モードがそなわっている。誘導は見通し内で行なわれるので、UAVが活動できる範囲は誘導システムから約200キロ以内にかぎられる。任務時間は最大14時間で、ドローンを中継すれば地域監視を継続することも可能になる。必要なら中継を利用して、あるいはUAVの誘導を別の地上誘導ステーションにバトンタッチして、誘導距離を拡大できる。

　ファルコは、連合国の平和維持部隊が最初に使用したUAVである。コンゴ民主共和国では、紛争を低減する作戦の中で、軍閥の活動を監視した。攻撃能力を有していると思われる大型化バージョンは、ファルコEVOと呼ばれている。このUAVはペイロードが増量されて、任務時間も18時間以上にのびている。

フェニックス

　フェニックス（Phoenix）UAVは1986年に初飛行したあと、英陸軍に採用された。双胴機らしい典型的な構造をしているが、「トラクター式」のプロペラをつけている点が変わっている。プロペラを機体前部にもってくると、前方を撮影するカメラの搭載位置に困るという問題があったが、機体中央に吊りさげられているポッドに収容することで解決された。ただしそのために、着陸時にカメラを破損しやすくなった。そのため、どんな滑走路であれ滑走して

飛びたつのは不可能になった。

　この離陸問題は、トラックに搭載したガイドレールからカタパルト発進することで解決された。が、着陸はそれ以上に厄介だった。そこで見出されたのが、パラシュートを展開して仰向けに着陸させるという解決策である。着陸の衝撃を吸収するために、背面に盛りあがった部分が追加された。あまり格好のよいものではないが、この方法でフェニックスUAVは、かなり立てこんだ場所でも運用が可能になった。これは設計要件でもあった。というのもその当時英陸軍は、次の大規模紛争は北ヨーロッパの市街地で起こると想定していたからである。

　実際にはフェニックスUAVの運用は1999年になってからやっと始まり、コソボのあとにはイラクに赴いた。ここでは多数の機が失われた。ただしその多くは、オペレーターが目標地域の上空を燃料がなくなるまで、故意に飛ばせていたためだった。再使用できるドローンを諦めて、数分間のデータを収集するかどうかという決断は難しい。だが英陸軍はそうした犠牲を払う価値はあるという、明確な方針を打ち出していたのである。

　赤外線カメラを装備するフェニックスは、航続時間が4、5時間、上昇限度が2750メートル弱と、性能は凡庸だ。英陸軍はこのUAVが、砲兵弾着観測や偵察にきわめて有用だと公式に発表し

［右］第1次世界大戦の航空機と多くの点で似ているレンジャー（Ranger）は、空間効率のよい設計で、ステルスの特性を数多く取りいれている。草地や氷の上、あるいは道路のような平らな場所に着陸できるが、適当な場所がなければパラシュートを開いて降りてくる。

[上]レンジャーは、固定翼（つまり航空機型）UAVではじめて、民間の空港での運用を許可されている。軍事的役割にくわえて治安出動にも利用可能で、火山活動や地震の調査など、さまざまな災害の対策に役立てられる。

ているが、現場を知っている者からはあまり賞賛の言葉は聞かれない。フェニックスは2006年に退役し、性能の優るデザートホークUAVに置き換えられた。

　フェニックスが退役したころには、残っていたほとんどの機体が使い物にならなかったようだ。わざと犠牲にした例以外にも、フェニックスの大部分が撃墜や故障のための墜落をするか、ただ単に原因不明なまま行方不明になっている。飛ばしたら戻ってこないという情けない傾向があるために、ユーザーのあいだではフェニックスの評価はかんばしくなかった。大学の工学課程では、こういう開発計画にはかかわらないほうがよいという例で、引きあいに出されている。

レンジャー

　スイス空軍の要求仕様を満たすために、スイスとイスラエルの共同計画で開発されたレンジャー（Ranger）は、1999年にスイス軍で使用が開始されたあと、フィンランドでも採用されている。このUAVの製作には、イスラエル製の先行無人機、スカウトのノウハウが活かされている。レンジャーは「ステルス」機のような形状にはしていないが、レーダー反射を抑えるために、機体を小型にして複合材を使用している。

[下]レンジャーは着脱が容易なモジュール式ペイロードを採用しているので、偵察、エリント・シギントなどの軍事的用途だけでなく、幅広い非軍事的用途にも対応している。誘導はトラックに積んだ移動地上ステーションから、見通し内の約180キロの範囲で行なわれる。

　直線翼に双胴部分がついている構造で、ずんぐりした機体が主翼に載っている。2ストロークの内燃機関で駆動されるプッシャー式プロペラが、機体後部に配置されているので、前方部分はペイロードに利用できる。標準装備ではそこに、電子光学センサーと前方監視赤外線装置が収納されている。

　格納式ターレットにはそれ以外のカメラや赤外線センサーが収められており、機体には合成開口レーダーやエリント（電子情報）・シギント（信号情報）の機器が搭載されている。緊急用パラシュートも装備されているので、適切な着陸地帯がなかったり故障を起こしたりしても、安全に着陸できる。ただし通常は、ヘリのようなスキッ

ドで降着している。これで草地でも氷上でも、あるいは道路のような場所でも着陸できる。着陸時には、プロペラは地面とは接触しないように高く持ちあげられる。むろん、滑走しながらの離陸は不可能だ。レンジャーはカタパルトを使って発射するので、離陸に必要な距離は最小限になる。

レンジャーは多目的プラットフォームで、偵察、電子戦、エリント・シギント、砲兵弾着観測などで役立つほか、非軍事的な目的にも使われる。搭載されているセンサーは核放射線を検出するだけでなく、洪水や火災、地震といった災害の情報の提供もできる。

誘導はトラックに積んだ移動地上ステーションから、見通し内無線リンクを通じて、180キロ程度の距離まで行なえる。データは、地上ステーションの遠隔通信ターミナルにリアルタイムで送られてくる。

RQ–7シャドー

RQ–7シャドー（Shadow）UAVは米陸軍の旅団レベルで、戦術偵察、目標捕捉、損害評価、戦場認識に利用されている。また米海兵隊、オーストラリア陸軍、スウェーデン陸軍にも採用されている。RQ–7は2001年に導入されてから、アフガニスタンとイラクに実戦配備された。原型のRQ–7Aモデルは現在すべて退役して、能力を拡張したRQ–7Bに替わっている。

RQ–7は双胴機でプッシャー式のプロペラを使い、さまざまな任務機器パッケージを搭載している。例をあげるとレーダー、電子光学（EO）・赤外線（IR）センサー、通信中継機器、超スペクトル・センサーなどである。標的の自動追尾が可能で、レーザー指示器も積みこめる。

RQ–7Bモデルは原型モデルより翼幅が長く、尾翼も大型化している。航続時間はペイロードにもよるが、5.5時間から6、7時間に延長している。発射は、ハンヴィー（高機動多目的装輪車輌）のような軽車輌に載せたガイドレールから、圧縮空気式カタパルトで行なう。着陸は平らな場所で、止まるまでの約100メートルを確

［上］RQ-7シャドー（Shadow）は、UAV3機と分解された予備の1機をひと組として運用される。そのUAVと発射機を載せた軽車輌2台と、人員を輸送するトレーラー2台で、ひとつの部隊が構成される。この部隊で補給が必要になるまで、72時間運用が行なわれる。

保できるなら、ほとんどどこでも可能である。滑走距離が足りないときは、拘引フックを使えばごく短い距離で止められる。

　大半の操縦は自律的に行なわれる。ただしオペレーターは任務のどの時点でも操縦を引き継ぐことができる。地上誘導ステーションは移動可能になっていて、RQ-7用に開発され適合させて実証ずみのテクノロジーを流用している。失敗のリスクをともなう開発に着手して、専用の誘導機器を作るようなことはしていない。

　RQ-7ドローンが、これまでにアパッチなどの攻撃ヘリと有人・無人チームを結成して、作戦に参加した可能性はあるし、近い将来どこかの時点でこのような使われ方をすることもあるだろう。

スペック：RQ–7シャドー200タクティカル			
全長	3.4m	最大離陸重量	149kg
全幅	3.9m	最高速度	207km/h
全高	1m	上昇限度	4,570m
動力	1×UEL AR-741 208cc ロータリーエンジン	航続距離	78km
		航続時間	7時間

［上］原型モデルのRQ–7シャドーは2002年に軍での使用が開始され、改良モデルのRQ–7Bはその2年後に配備が始まった。RQ–7Bは翼幅が延長されて燃料積載量が多くなり、航続時間も6、7時間に増加した。性能が向上した、センサーや通信中継機器等の電子機器が導入されている。

　ちなみにRQ–7は、米連邦航空局が民間飛行場での運用許可を認定した、最初の軍用無人機である。

　将来は武装モデルも開発されそうだ。その際はパイロス（小型戦術爆弾）のような小型で軽量な兵器が搭載されるだろう。パイロスはGPSもしくはセミアクティブ・レーザー・ホーミングによって誘導される精密空中発射爆弾で、武装勢力や路肩で手製爆弾（IED）を埋設しているグループなど、主に小規模の人間の集団に威力を発揮する。

スキャンイーグル

　スキャンイーグル（Scan Eagle）は、空中から魚群を探知・追跡するために開発されたUAVの軍用化モデルである。翼、機首、推進部分、機体、電子機器がそれぞれ独立していて、簡単に入れ

［右］スキャンイーグル（ScanEagle）の誘導システムは、単純なポイント&クリック操作方式のインターフェースを使っている。これでオペレーターが標的を指示すれば、UAVに自動追尾が命じられる。安定化されたセンサー・ターレットは、多様な機器を搭載し、UAVの飛行特性による振動やブレを抑えられる。

スペック：スキャンイーグル			
全長	1.55〜1.71m	最大離陸重量	22kg
全幅	3.11m	最高速度	111km/h
動力	1×2ストロークW型3気筒レシプロエンジン	上昇限度	5,950m
		航続時間	24時間

スキャンイーグルによるクジラ探知

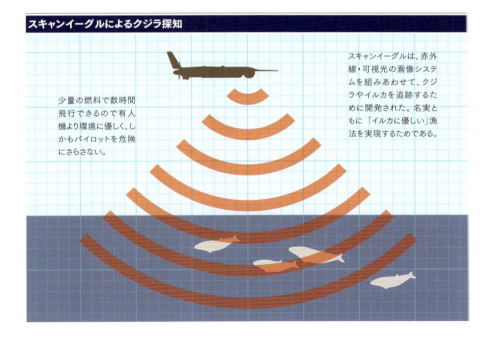

少量の燃料で数時間飛行できるので有人機より環境に優しく、しかもパイロットを危険にさらさない。

スキャンイーグルは、赤外線・可視光の画像システムを組みあわせて、クジラやイルカを追跡するために開発された。名実ともに「イルカに優しい」漁法を実現するためである。

[上]スキャンイーグルは、民間の海上利用のために開発されたドローンだが、これまで軍でも陸上で幅広く運用されている。カタパルト発射と翼端のフックをロープに引っかける回収方式が可能なので、このUAVは、小型船舶の上やひどく立てこんだ場所での使用に適している。

　替えができるモジュールで構成されているので、壊れた部品もすぐにとり替えられる。

　圧縮空気式カタパルトから発射される。カタパルトは装輪トレーラーにも小型の軍艦にも搭載できる。平地ならばどこでも胴体着陸が可能だが、翼端のフック状に曲がっている部分を捕獲装置に引っかけて回収する方法もある［15メートルの高さから縦に張ったロープに、フックを引っかける］。ディファレンシャルGPS［中波帯の電波で通常のGPSの補正値等を提供］誘導による1メートル以下の精度は必要だが、この方式で米海軍船舶への帰還を何百回となくやりこなしている。

　推力は後部のプロペラで得ている。原型モデルは標準的なガソリンを燃料にしているが、改良型のスキャンイーグル2は、重質

燃料エンジンを搭載できる。どちらのモデルも、航続時間は24時間程度と変わらないが、重質燃料エンジンのほうが搭載システムを動かす電力を多く発電するし、保管する燃料の安全性も高い。重質燃料エンジンは当初航続時間の減少が欠点で、新たな点火技術を開発する必要があった。

　電子光学（EO）・赤外線（IR）カメラや赤外線暗視装置などのペイロードは、指向性のあるターレットに搭載される。それにくわえて、スキャンイーグル用の小型合成開口レーダーも開発されている。また、化学・生物剤検知器、レーザー指示器、磁気異常探知機といったペイロードも、簡単に着脱できる。

　スキャンイーグルは通常の戦術偵察プラットフォームとしての使い道とは別に、銃器発射源を突きとめる他の計器類と連動して、スナイパーの位置を特定する役回りを試されている。こうした役割は、平和維持活動のみならず、必ずしも友好的でない地域で基地や車列を防御する際に、大きな意味をもってくる。

　このドローンは、英、米、オーストラリアなど、世界中の軍隊で活動している。また海賊や飛行機乗っとり犯、麻薬密輸業者を対象にする作戦にも貢献している。その一方でアラスカ沖で海や氷山の状態を監視したり、クジラの数と行動にかんするデータを集めたりと、魚群観察プラットフォームとしての原点に戻ったような使われ方もしている。

回転翼ドローン

回転翼機の長所は操縦の正確性とホバリングできる能力にあり、その能力ゆえにスピードが出にくいうえ、宙に浮いているだけで大きな出力を消費する欠点も相殺される。回転翼機はたいてい、固定翼機よりはるかに低い高度で運用される。固定翼機ならじゅうぶんな揚力を発生できる高度でも、回転翼機にとっては空気が薄すぎて浮かんでいられないこともあるのだ。一般的に同じ性能なら、回転翼UAVよりも固定翼UAVのほうが安価で製造も簡単である。またほとんどの役割で、ペイロードと航続時間においては固定翼のドローンのほうに軍配があがる。

　回転翼機の大きなメリットは、滑走距離ゼロの離着陸が可能なことにある。ヘリコプターは、固定翼機では発進できない船舶からも飛びたてる。回転翼ドローンもスペースに余裕のない場所でも運用できる。

　軍用の回転翼ドローンの大多数はかなり大型で、機体中央部にローターがあるという、従来型のヘリと似た構造になっている。またそれより複雑なものもある。たとえば、同軸上の上下に設けられた二重反転ローター、あるいは2枚のローターが交差して反対方向にまわる交差反転式ローターなどだが、全体的なシルエッ

［左］ローターを傾けられるティルトローター機は、固定翼機の水平飛行でのスピードと経済性にくわえて、ホバリングや垂直着陸ができるという長所をあわせもつ。イーグルアイ（Eagle Eye）UAVに、米海兵隊と米沿岸警備隊が関心を寄せたのは、こうしたタイプの航空機を運用する現実的なメリットを見たからだ。

トは従来型ヘリとあまり変わらない。それより小型のドローンは何カ所にもローターをつける傾向がある。それぞれが別個の動力で駆動されるので、この方式は大型のUAVには非効率的だ。巨体を持ちあげるパワフルなエンジンが必要になるからだ。

　回転翼ドローンは、理論上は有人ヘリとまったく同じ仕事ができる。貨物の運搬、センサーや兵器の搭載、負傷者の搬送なども可能だ。負傷者の搬送は、軍のみならず災害に対応する状況でも実現できそうな魅力的なアイディアだ。近い将来、自動化された救難ドローンによって死傷者や生存者が、危険な場所から迅速に引きあげられるようになるかもしれない。

　たとえば、山岳救助などでの死傷者の救出だ。救助隊員によって発見された死傷者を搬送するためには、しばしばヘリコプターがさし向けられる。ドローンが同じ役割を果たせない理由はひとつもない。「ドローンに電話」会員サービスというのもおおいにありそうだ。登録会員(会費は高額になるだろう)がどんな目にあっても、電話の要請でドローンが救助に駆けつける、というわけだ。

　災害救助など人道的活動を行なっている軍隊でも、負傷者搬送と補給のためにドローンがひっきりなしに往復すれば、沖合の海軍部隊の大規模な医療や兵站の能力を海岸作業隊に届けることができる。これで天候や視界が悪くても、パイロットが繰りかえし発進して任務に向かい、数えきれないほど着陸する必要がなくなり、その緊張を緩和できる。

MQ-8ファイアスカウト

　ヘリコプターは導入されたその時から、艦載機としての貴重な役割を果たしてきた。狭い場所での離着陸が可能なので、固定翼機の発着に適したフライトデッキのない、中サイズ以下の船舶でも搭載できる。ヘリは固定翼機に兵装、スピード、航続距離といった点ではかなわないが、多くの重要な任務を果たしている。その中には従来型の航空機では実行不能な任務もある。

　海軍のヘリが遠隔センサー・プラットフォームとして働けば、母艦は不審船を偵察できるし、標的にミサイルを誘導してもまったく

[左]MQ-8Aファイアスカウト（Fire Scout）は、既存の有人ヘリをベースにしているので、開発費が大幅に抑えられる。航行中の船舶に完全自動の着艦をした初の無人機として、歴史に名を刻んだ。それ以前の無人機の着艦は、遠隔操作で行なわれていた。

敵の攻撃を受けない、あるいはまったく気づかれないこともじゅうぶんありえるだろう。そうなればヘリとその乗員が危険にさらされるが、それと引きかえに母船と乗組員の安全性は高まる。もちろんヘリが遠隔操縦されていれば、このような任務も人命を失わずに遂行できる。

　MQ-8ファイアスカウト（Fire Scout）は、もともとは有人ヘリだった機体をドローンに改造している。普通サイズのヘリと同じだけ場所をふさぐが、運搬できる重量も変わらない。そのため人間が乗らないだけ、ペイロードを積むスペースと揚荷能力が増えている。原型モデルのMQ-8Aは、2000年に初の自律飛行を成功させた。さらに大型化した改良バージョンのMQ-8Bは、原型モデルの能力が要求仕様に見合わないことを理由に米海軍が開発費の投入を打ちきったあとに、メーカーによって開発された。

　米陸軍も興味をもったためにこの開発は継続し、ついには海軍も改良モデルの評価に乗りだした。2009年にはファイアスカウトは生産ラインに乗り、米海軍に納入されたが、その翌年には陸軍がこの導入計画を断念した。海軍モデルは、2012年に海洋

［右］MQ-8Aファイアスカウトは米海軍のために開発され、海軍が興味を失ったあとも開発が続けられた。その後米陸軍が改良モデルのMQ-8Bを発注し、ファイアスカウトの救世主となった。このモデルは原型とは異なる機体をベースにしており、誘導ロケット弾を搭載できる。

監視レーダーを搭載して、偵察能力をアップグレードした。

ファイアスカウトUAVは多用途プラットフォームで、偵察、捜索、戦闘などの多角的な任務をこなす。ペイロードをモジュール化しているので、収容されているペイロードを短時間で脱着でき、利用可能になった新しい装置も搭載できる。そのひとつ、AN/DVS-1沿岸戦場偵察および分析システムは、沿岸部の浅海域で機雷や水中の障害物を探索する。

このUAVは、全方位ボールターレットに電子光学（EO）・赤外線（IR）カメラとレーザー測距器を搭載しており、交換可能なセンサー・パッケージには、海洋監視レーダー、シギント・電子戦用パッケージ、地雷原探知装置を収納できる。

兵装が可能なMQ-8Bは、ヘルファイア対戦車ミサイルとGBU-44ヴァイパーストライク精密爆弾を装着できる。また短翼に

[左] MQ-8Cファイアスカウトも異なる機体を改造しており、米海軍の関心を引いた。レーダー・プラットフォームとしての役割から、補給のための自律飛行、カメラを使用しての不審船の「見張り」(アイボール)まで、有人ヘリの任務の大半を、乗員を危険にさらさずに実行できる。

もレーザー誘導の70ミリハイドラ・ロケット弾のポッドを取りつけられる。こうした兵装で、ボートなど動きの速い小さな標的に対する、短距離精密攻撃が可能になっている。

　現代の戦闘空間では、小型武装ボートがきわめて深刻な脅威となっている。これで非武装の商船に海賊行為が行なわれる場合もあるが、軍艦が襲われることがある。このような船舶の武器の射程に入る前に、迎撃または粉砕して、敵の目標捕捉から攻撃命令、破壊にいたるまでの「キル・チェーン」を断ちきれば、海軍司令官の部隊防護問題は大幅に簡略化する。

　ここのところどこの国の海軍も沿岸水域での活動が増えて、多様な脅威に直面するようになった。米海軍は、ファイアスカウトUAVを単独もしくは有人ヘリと連携する形で、沿岸域戦闘艦など

スペック：MQ–8ファイアスカウト			
全長	7.3m	最大離陸重量	1,430kg
メインローター直径	8.4m	最高速度	213km/h
全高	2.9m	上昇限度	6,100m
動力	1×ロールスロイス250–C20エンジン	航続時間	8時間

のさまざまなプラットフォームから発進して、部隊防護任務に投入する方針でいる。民間の船舶がひしめいているであろう環境では、目標が敵か否かを迅速に識別して、脅威と認めたら即応することが作戦行動のカギとなる。ペアを組んだMQ–8ファイアスカウトが交替しながら活動すれば、母船から205キロ弱までの範囲は継続的に監視できる。

　ファイアスカウトは、米海軍の軍艦に完全自動の着陸を果たした初の無人機だ。離着陸の過程にパイロットの手を煩わせることがなく、作戦行動中の母艦での発着も可能である。そのため無人補給機としても活用できる。MQ–8Aの大型化モデルにはそのような役割も想定されていた。こうした能力は、実は事故を乗りこえて開発されている。2010年に命令に反応しなくなったファイアスカウトが、ワシントンDCの制限空域に入りこむという騒ぎがあったのだ。武装はしていなかったが、それでもこの事件は、人口密集地で無人機を飛ばすことの是非を問う議論を再燃させた。

　このUAVは、アフガニスタンや2011年のリビアへの軍事介入で偵察プラットフォームとして働くなど、多様な任務をこなしている。アフリカ西海沖での海賊制圧作戦では監視活動に従事し、交替を繰りかえしながら一定地域をほぼ24時間監視した。またMQ–8のオペレーターは、麻薬を密輸する高速ボートを発見して、とり押さえに貢献している。

　MQ–8ファイアスカウトは、設計が統一されていないのが変わっているかもしれない。AとB、Cの派生型は、みな機体の形状が違っている。特注で設計されたUAVではなく、有人機を自律操縦化したという事実も、興味をそそる。こうした手法はUAV開発の主流ではないが、近い将来有人機が無人機に改造されること

がまたあるかもしれない。

A–160ハミングバード

　ハミングバード（Hummingbird）UAVは、当初市販の小型ヘリの改造機体を使って、1998年に開発が開始された。このような開発計画にしては珍しく、テストは終始無人で行なわれた。人間のパイロットを搭乗させて、不具合に対処させるようなことはしなかったのである。原型の試験機は墜落で失われてしまったが、有望な結果が出ていたのでさらにテストを続けるよう要請があり［米陸軍とDARPA（米国防高等研究計画局）の共同開発事業だった］、A–160ハミングバードが完成した。この試験機はマーヴェリックという名で、少数が実戦投入のために米海軍にまわされたが、詳細は公にされなかった。

　A–160ハミングバードは2001年末に初飛行した。多くの試験機が失われたのにもかかわらず、この開発で先進的な回転翼機が生みだされ、可変速度ローターによって、高度に応じた効率的な飛行特性を達成できるようになった。A–160はローターの回転速度を変えることによって、燃料効率を最適化するか揚力を最大限にすることができる。どちらになるかは、飛んでいる高度によって決まる。2008年には18時間の飛行を達成したあと、燃料を残した状態で着陸し、有人・無人を問わず回転翼機の最長飛行

［下］A–160ハミングバード（Hummingbird）は、状況に応じてローターの出力を加減できる。ちょうど自動車のスピードを上げるときに、ギアを変換するような仕組みだ。この機能により、従来型のローター・システムとくらべると、飛行性能も航続時間も飛躍的に向上した。

スペック：A-160ハミングバード

全長	10.7m	最大離陸重量	2,948kg
メインローター直径		最高速度	258km/h
	11m	上昇限度	6,100〜9,150m
動力	1×プラット&ホイットニー・	航続距離	2,589km
	カナダPW207D	航続時間	18時間以上

記録をうち立てた。ハミングバードはまた、高度6100メートルでホバリングが可能なことを示している。

　アメリカの陸軍、海軍、海兵隊は、センサー・プラットフォームとしてはもちろん、輸送ドローンとしての働きも評価している。茂み透視レーダーは、熱帯雨林のような障害物の多い地形で標的を発見するために開発された。米特殊部隊はすでに数機を保有しており、追加購入を検討している模様である。ハミングバードの低速ローターが、微量な音響シグネチャしか出さないのをとく買っているのだろう。隠密作戦でヘリを投入するとき、大きな妨げになるのは音である。だから静かなドローンのヘリというのはこの場合大きな意味をもつのだ。

　ローターとトランスミッションは先進的な設計だが、全体の構造は従来型と変わらない。ハミングバードは4枚ブレードのメインローターとテールローターで方向を定める。機体のほとんどの部分には、軽量でレーダー反射の少ない炭素繊維が使われている。

　ペイロードには、電子光学(EO)・赤外線(IR)カメラ、合成開口レーダー、レーザー指示器が積まれている。電子戦と通信用のパッケージも搭載できる。飛行システムがエンジンとトランスミッションのあらゆる面を掌握して、自動操作しているので、離着陸やナビゲーションを含めた大半の動作が自律的に行なわれる。

APID-55系

　APID-55小型回転翼UAVの開発は1990年代に始まり、2008年に初飛行が実現した。開発にあたっては、火事などの緊急事態の監視、救難、科学的・環境的観測といった、軍事、非軍事面での利用が予定されていた。軍事利用では、偵察や

[左]無人機APID–55は1990年代の初期に開発が始まり、2008年に初飛行した。砂漠から北極までさまざまな環境での運用が可能で、他の小型回転翼ドローンと同じく、わずかなスペースで離着陸できる。

哨戒・国境監視のほか、地雷探知も可能である。

　APID–55の機体にはチタン、アルミニウム、炭素繊維といった軽い素材が使われており、構造は従来型のメインローターとテールローターの組みあわせとなっている。ローターは内燃機関から動力を得ており、6時間の飛行に十分な量の燃料が積まれている。それより大型でスピードの出る派生形APID–60は、降着装置に車輪ではなくスキッドを使っているので、見分けがつきやすい。

　APID–60を改良して重質燃料エンジンに換装する計画もある。そうすればNATOの兵站の方針に沿って全車輌・全機体共通

回転翼ドローンの最大離陸重量の比較

APID–55	MQ-8ファイアスカウト	A-160ハミングバード
160kg	1,430kg	2948kg

の燃料を使えるようになる。ただし小型機に適した重質燃料エンジンを作る難しさは並大抵ではない。小型エンジンでは主に、パワーウェイトレシオ（出力重量比）がネックになるからだ。

APID–55とAPID–60は、安定化されたカメラと赤外線センサーが映像を送るので、幅広い監視・偵察任務に投入できる。飛行の大半は、事前設定した中間地点(ウェイポイント)をGPS誘導でたどりながら、自律的に行なわれる。オペレーターが飛行中に中間地点を修正するのも可能で、ペイロードは地上から遠隔操作できる。APIDは、GPS装置とレーザー・スキャナーにくわえて赤外線式と気圧式の高度計を搭載しており、灼熱の砂漠から北極まで、さまざまな環境でのテストに耐えている。

APID–55は当初、アラブ首長国連邦国防軍の要求仕様に合うように開発されたが、汎用性の高さを証明しつつある。顧客になりえる対象は、税関・国境警備局から、パイプラインの遠隔点検を考えている石油会社、軍隊組織にいたるまで幅広い。事実中国の税関は、APIDドローンを大量に購入していると伝えられている。

［下］APID–60はAPID–55の改良バージョン。最高時速が20キロ速くなった。機体下の着陸スキッドのあいだで、ジンバルが吊りさげているセンサー・ターレットには、電子光学（EO）・赤外線（IR）カメラが搭載されている。GPS受信機と赤外線式・気圧式高度計は、機体に内蔵されている。

輸送と汎用のドローン

アマチュアは戦術にすぐ目が行くが、プロフェッショナルは兵站に心を砕くといわれる。
補給がなければ、いかなる軍事行動も止まってしまう。
数日単位の作戦を展開しているときでも、軍隊は膨大な量の糧食、
軍靴、軍服、道具、保守用のパーツといった、種々雑多な物品を消費する。
そうしたものは途切れることなく補充されなければならない。
現代の軍隊は必ず戦闘部隊である「歯」を支える、
巨大な「尾」、すなわち補給部隊を有している。

　調達と注文はおおむね自動化されているが、補給物資を必要な場所に届けるとなると、昔ながらのトラックでの配送にかなう方法はないように思える。だがトラック輸送は多くの人手を要し、待ち伏せや路肩の手製爆弾（IED）の攻撃に遭うリスクに乗員をさらすことになる。トラックの運転手は疲労から事故を起こしたり、混乱した状況でついまちがった方向にハンドルを切ったりすることもあるだろう。少し前にもそんなことがあった。反乱者の縄張りに車列を突っこませて、悲惨な結果を招いた事件である。

[左]補給物資の大半はトラックに載せられて地上を移動するので、待ち伏せ攻撃の標的になりやすい。車列の護衛とルートの安全確保のために、大量の兵力が割かれている。UAVによる迅速で低コストの空輸補給作戦は、現実味のある代替案だろう。支援要員を危険にさらすこともない。

そうなると自動システムを利用して戦場の兵員に補給するアイディアが、がぜん魅力的に思えてくる。GPS誘導の輸送ドローンなら居眠り運転をすることもないし、道もまちがえない。あるいは何カ月も続けて、同じ道路を同じトラックで走るのはもううんざりだといって、再入隊を見送ることもない。

　兵站の役割の一部でもドローンに任せられれば、それで自由になった人員をまだ機械が対処できない仕事にまわせるのは確実だろう。「尾」の機能が自動化されれば、軍機構は「歯」を少しでも増強できる。

エアミュール

　エアミュール（Air Mule）がイスラエルで開発されたのは、2000年代半ばのレバノン侵攻で必要性が生じたためだった。配備された部隊は、戦闘地域から負傷者を搬送するため、またはヘリが活動できないような立てこんだ市街地で補給物資を得るために、迅速で効率的な手段を求めていた。

　このUAVは画期的なローター内蔵方式を採用しており、従来のヘリコプターでは狭すぎる場所でも発着できる。シャーシの底

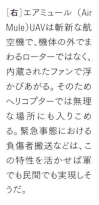

[右]エアミュール（Air Mule）UAVは斬新な航空機で、機体の外でまわるローターではなく、内蔵されたファンで浮かびあがる。そのためヘリコプターでは無理な場所にも入りこめる。緊急事態における負傷者搬送などは、この特性を活かせば軍でも民間でも実現しそうだ。

[上] エアミュール（AirMule）UAVは、1度の出動で500キロの貨物を空輸し、運用半径は50キロにおよぶ。設計者は、このUAV数機からなる補給部隊が、継続的な補給と負傷者の搬送を行なうことを想定している。計算上はエアミュール1機につき、24時間で重量6000キロの輸送が可能だ。

に前後に並ぶ巨大なファン2個で、下に風を吹きつけて宙に浮かびあがり、後部の上方左右に分かれた小型の可動ファンで、推力を得て方向を定める。地上では機体の外で動く部品はないので、ローターに人が近づいても危険はない。しかも大きさはハンヴィーよりやや大きめでしかない。

エアミュールUAVは幅広い輸送任務に投入でき、軍事的、非軍事的場面のどちらでも、負傷者の搬送や補給物資の輸送、日常的な人員の移送などに用いられる。悪天候にも強く、風速25メートル強の風が吹く中でもホバリングが可能だ。小型でシグネチャを出しにくいのは、主に軍事的な利用でメリットになるが、音がうるさくないのは、民間または商業的な活動に取りいれやすくなる要素である。

2〜4時間の航続が可能で、高度3700メートル近くまで上昇できる。トランスミッションやローターが故障したり、単発のエンジンが止まったりした場合は、自動的にパラシュートを開いて、最高運用高度以下のどこからでも安全に着地する。制御信号が途切れたときは、UAVの飛行システムが着陸に導く。

エアミュールは偵察機ではないが、周囲についての多くの情報を必要とする。レーザー式高度計2個にくわえて、運航と目標表示のためのレーダー、さらにはGPSと慣性航法のシステムがある

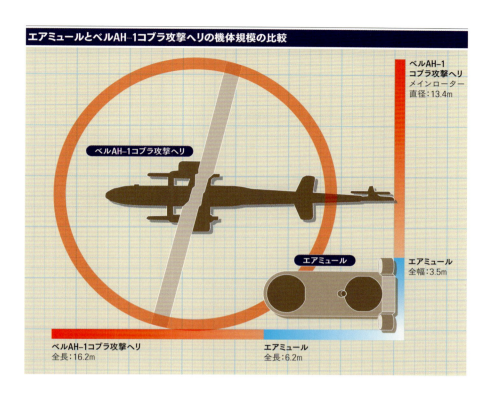

エアミュールとベルAH-1コブラ攻撃ヘリの機体規模の比較

ベルAH-1コブラ攻撃ヘリ メインローター 直径:13.4m

ベルAH-1コブラ攻撃ヘリ

エアミュール

エアミュール 全幅:3.5m

ベルAH-1コブラ攻撃ヘリ 全長:16.2m

エアミュール 全長:6.2m

スペック:エアミュール

全長	6.2m	最大離陸重量	1,406kg
全幅	3.5m	最高速度	180km/h
全高	2.3m	上昇限度	3,660m
メインローター直径	1.8m	航続時間	2〜4時間
動力	1×チュルボメカ・アリエル2・ターボシャフト・エンジン		

からだ。制御は地上誘導ステーションからマニュアルでも行なえるが、必要に応じてUAVが自律的に作動する。

　このドローンの設計者は大規模な兵站支援作戦で、戦場の主戦力に補給物資を継続的に送るのと同時に、負傷者や何らかの理由で後送が必要な者を搬送する役割を想定している。それにより、地雷や路肩の手製爆弾への脆弱性が改善されるという長所がある。またパイロットやドライバーの疲労を軽減する一方、乗

員の命を危険にさらさずにリスクの高い任務を遂行できるというメリットもある。

Kマックス

　Kマックス（K–Max）は、操縦選択型機（OPV = Optionally Piloted Vehicle）で、その名のとおり無人での自律飛行も、搭乗したパイロットによる操縦も可能になっている。はじめから「空飛ぶトラック」として開発された、実証ずみの回転翼機をベースに改造された。パイロットが吊下している貨物をコックピットから確かめられる［先細りになっている機体で窓の下がよく見える］ような特徴は、自律飛行では無用の長物になるが、だからといってそれで無人飛行が無意味になるわけではない。

　Kマックスは、交差反転式ローターのシンクロコプターである。同軸についているふた組のローターが、衝突せずに互いに交差して、反対方向に回転する。これで従来型の回転翼が直面する大きな問題、すなわちメインローターによって生じる反動トルクが相殺される。でなければ機体は浮いたまま回転を始めるので、テー

［下］Kマックス（K–Max）の対のローターが、衝突せずに互いに交差してまわるのは、同じ動力源によって駆動されているからだ。シンクロコプターの設計では、テールローターとそれに関連する機構が不要になるので、それだけ重量が減り、従来型のヘリより安定性がよくなる。

198　輸送と汎用のドローン

[上]無人ヘリの用途は、貨物の輸送にとどまらない。UAVは遠隔地までセンサー・パッケージや通信中継ユニットを運ぶほか、地上用ロボットまで空輸できる。人間の対処が必要な任務である場合、Kマックスは従来のようなパイロットによる操縦に切りかえられる。

ルローターで反対方向に回転力をあたえなければならない。シンクロコプターはテールローターも、それに関連する動力伝達機構も必要としない。

　エンジンの大きさの割に優れた揚荷能力を示し、ホバリングは非常に安定している。そのため産業部門では輸送作業で人気を博してきた。たとえば木材の切りだしなど、機体から吊りさげた重量物を正確な場所に下ろすことが重要な作業などである。

　自律（または操縦選択）型のKマックス・シンクロコプターは、「空飛ぶトラック」として試験的にアフガニスタンに配備された。費用対効果と輸送する荷物の量は地上のトラックにかなわないが、Kマックスは路肩の手製爆弾（IED）の攻撃の影響をまったく受けない。IEDは、定期的に補充を受けなければならない部隊の、大きな懸念材料になっている。トラックの乗員にとって糧食を届けるだけの単純な仕事が、悪夢のような行路になってしまうのだ。

　KマックスOPVは、アフガニスタンで2011年から2014年まで

[上] KマックスUAVは、重量物を吊下して空輸できるヘリをベースにしている。激しい風の中で重量物が揺れ動くというのは、このような航空機が遭遇する最悪のシナリオである。パイロットや誘導システムは、そうした困難に対処を迫られることもある。

　日常的な補給任務を遂行し、ひところは1日に平均5回は発着していた。多くの場合夜間の飛行になったので、敵の攻撃には遭わなかった。ただし天候の悪い中重い荷物に振りまわされて、1機が墜落した。こうした事故は起こったが、この試験投入はおおむね成功だと評価された。

　本原稿を執筆している時点で、米陸軍もしくは米海兵隊が自律型輸送機の調達に踏みきるかは定かではない。このコンセプトは実用的で有望と思われたし、Kマックスはたしかに路肩のIEDの餌食にはならないことを証明した。IEDは、アフガニスタン紛争のトレードマークにもなっている。米海兵隊のような上陸作戦を遂行する部隊にとってはとくに、沖合の揚陸艦や兵站支援船から補給物資を届けられるというのは、もちろん死活的に重要である。それが自律的に行なえるというなら、パイロットの疲労度や人命へのリスクを低減する意味でもメリットがあるだろう。同様に、孤立した前哨地や基地に自動化された補給ができれば、必

要でもマンネリ化した補給のための運行で、不必要な犠牲者を出さない効果的な予防策になるだろう。

　ただし現時点では、自律化もしくは選択操縦型ヘリに対する明確で具体的な需要はない。このコンセプトにはさまざまな国が興味を示しており、性能を向上させるための作業が進行中である。性能の強化とは、自動脅威回避システムや、飛行中の行き先を変更可能にする機能などを盛りこむことだろう。編隊であろうと交替制であろうと、数が増えた自律型輸送ドローンをまとめる作業をすれば、大きな成果があがるはずだ。またペイロード自動吊りあげシステムが完成すれば、さらに効率があがるにちがいない。

　アフガニスタンでの運用では、無人輸送機が活動の困難な環境でも運用可能で、実用レベルにあることが文句なしに証明された。次なる問題は、このニッチを埋める必要性がはたして実感されているか、そしてそれを費用対効果の高い方法で実現できるかになる。

カムコプターS–100

　オーストリア製のカムコプター(Camcopter)S–100は、ドイツ海軍とアラブ首長国連邦軍の要求に応えて開発された。この多目的中高度中距離回転翼UAVは、それ以外にも中国、イタリア、ロシアなどで採用されている。

　カムコプターS–100は、地上誘導ステーションの管制を受けながら海上の船舶から運用される。この地上誘導ステーションには2種類のシステムがある。一方は任務の計画とUAVの誘導を担当し、もう一方はデータ検索とペイロードの制御を行なう。任務計画システムは、危険・飛行禁止区域をつねに把握している。危険区域、すなわち対空兵器の射程内は、回避箇所として表示される。

　このUAVは自律飛行も、制御装置のジョイスティックを使ったマニュアル操作も可能である。垂直離着陸(VTOL)システムを有し、自動帰投モードにも切りかわる。基地からの運用半径は180キロ程度で、6時間は飛びつづけられる。

電子光学(EO)・赤外線(IR)センサーにくわえて、合成開口レーダーとライダー(LIDAR)システム［レーダーより短い波長で非金属物も探知可能］を搭載する。さらに搭載可能な地中レーダーは、地雷や埋設されたIEDを探知する。ペイロードは、2カ所の格納室か側面に取りつけられているハードポイントに収容される。また補助の航空電子装置(アビオニクス)格納室も設けられているので、追加の航法用電子機器も装備できる。それ以外の改良点には、燃料容量の増加や、資材の吊下が可能になったので、輸送ドローンとしての用途が広がったことなどがあげられる。重質燃料エンジンも使用できるようになった。これでNATOの兵站の方針に合わせると同時に、

［上］カムコプター(Camcopter)S-100の設計者は、ただ市場の隙間(ニッチ)を狙ったのではない。このUAVは軍事利用にくわえて、密輸入や非合法な国境越えなど、国の治安にかかわる事例で使い道があるほか、石油の流出による海洋汚染の拡散の監視にも利用できる。

スペック：カムコプターS–100			
全長	3.1m	最高速度	240km/h
全高	1.12m	上昇限度	5,496m
メインローター直径	3.4m	航続時間	34kgのペイロードで6時間、外部燃料タンクを追加して10時間まで延長
動力	ロータリーエンジン		
最大離陸重量	200kg		

燃料保管時の安全性も高くなる。このことは船舶へのUAVの配備を希望する場合、カギを握る要素だと考えられている。

カムコプターS–100は、エンドユーザーの要求に応じて幅広い役割を演じられる。これまでのところは主に海軍に評判がよく、イタリアの軍艦から飛びたった初のUAVとなった。地雷やIEDの探知能力は、アフガニスタンやイラクなど、こうした爆発物が反乱者によって使われている環境で活動する地上軍にとって魅力的だ。

カムコプターのようなUAVは法律の執行場面において、カメラの空中プラットフォーム以上の積極的な役割を果たせるのではないかと考えられている。たとえば、暴徒を追いちらすために催涙ガスを撒くような役回りだ。そうすれば法執行機関の関係者を危険にさらさないというメリットがあるだろうが、記者を騒がせることにはなるかもしれない。空飛ぶサメを思わせる黒塗りのドローンが、群集に向かって催涙ガスを吹きつける映像は、政府による弾圧と結びつく悪いイメージをもたらすだろう。あるいは頼もしくてカッコいいととられるかもしれない。どちらに見えるかはその人の考え方次第だが、確かなのは意見が分かれて、まちがいなく白熱した議論が戦わされるということだ。

小型偵察ドローン

小型偵察ドローンは、ごく基本的なセンサー類を使って戦術偵察を行なう。むろん、機体が小さいのでできることは大幅に限定されるが、低コストで大量に入手できるのでそうしたことも埋めあわされる。移動空中カメラのメリットはあなどれない。見通せる視界が遮られている立てこんだ地形で、対反乱作戦が遂行されているときなどはなおさらである。

　高価で高性能な偵察UAVは戦略的に重要な情報を収集するし、武装ドローンはそれにもとづく行動をする。それに対し小型偵察UAVは、むしろ地上にいる部隊の「戦力の増強器」として働く。基地への不審者の異常接近や、行く手に潜む待ち伏せ攻撃を警告し、行方をくらました敵のもとに地上パトロール隊を誘導するのは、この手のドローンだ。また航空攻撃や砲撃後の損害評価をしたり、周囲の状況についてのタイムリーな情報を提供して、短期の任務計画に貢献したりもする。

［左］大型長距離ドローンとくらべると、デザートホーク（Desert Hawk）のような小型UAVの性能は限定されているが、価格が安く運用も難しくない。わずかな投資をすれば、地上部隊は小型UAVの空中偵察能力を活用できるが、こうしたことは他の手段ではなしえない。

つまりはこうした小型で、ときには不恰好なドローンの性能がごくかぎられていたとしても、使いようによってはその効果は相当なものになるということである。ドローンそのものの価値はそれほどでもないが、地上作戦に組みいれられれば有効性と効率性を高めて、ときには他の手段では察知できない惨劇を警告して防いだりもする。

デザートホーク

ずんぐりとしたラジコン飛行機にも見えるデザートホーク（Desert Hawk）UAVは、治安維持活動と近距離偵察作戦を念頭に設計された。バンジーコード（ゴムバンド式の簡易カタパルト）を使って手で飛ばすと、電動のプッシャー式プロペラで飛んでゆく。最大1時間の運用後は、着陸地点がどのような状態であろうと胴体着陸をする。

デザートホークには車輪はないが、かわりにケブラーのスキッドがついている。軽量でも頑丈な作りで、機体は主に発泡ポリプロピレンでできており、かなり乱暴な着地でも衝撃を吸収できる。

［下］地上部隊が運搬できる装備の量には、当然のことながら限界があるが、デザートホークUAVとその誘導ステーションは、場所をとらず大した重さでもない。コンパクトな収納で地上部隊の効率性が向上するので、たいていは他の装備品を諦めても携帯するだけの価値はある。

着陸速度は遅いので、オペレーターはドローンを滑走路のないかなり狭いスペースにも下ろすことができる。デザートホークはまた、飛行条件が悪くても驚くほど耐性がある。これは強風や乱気流が発生しやすい環境で活動する際には、必要な特性である。

　デザートホークが搭載するセンサー・パッケージには、電子光学（低照度・カラー）・赤外線装置の他にレーザー照射器がくわわっている。完全な闇の中でも暗視装置で動画を撮れるのは、このレーザーの照射があるからだ。接続してすぐに使えるプラグ＆プレイのモジュール式になっており、シギント（信号情報）・コミント（通信情報）パッケージか合成開口レーダーを積みこめる。

　誘導はノートパソコン型のインターフェースで行なう。これで制御信号を送信するのと同時にUAVからの映像が受信できる。飛

［左］小型UAVの運用は地味なので、知識のない人には、ただ高価な玩具の飛行機をいじくっているだけだと思われても仕方がない。だがUAVは本格的な軍用キットで、現実的に役立っているのである。

206　小型偵察ドローン

行のほとんどの部分はGPS航法により自動化されているので、オペレーターは必要に応じてコマンドを入力すればよい。2003年に初飛行したあとは、英陸軍では砲兵部隊に配備され、米空軍では基地の防御を目的に採用された。後者は人力を非常に集中する役割で、とくに猛暑の中でパトロールを続けなければならない兵士は、衰弱が激しくなることもある。可能なかぎりカメラなどの電子的手段を用いれば、そう多くの人力を投入しなくてもよくなるし、防御のレベルは同等以上になるだろう。

デザートホークUAVは、10キロ離れた人間が、肩打ち式ミサイルをもっているのも識別できたため、基地防御の役割でとくに有用だった。これで、空軍基地付近に陣地を張った反乱者によって、離着陸する航空機に「スティンガー待ち伏せ」をかけられる確率が大幅に下がった。同様に、装甲部隊や補給車列への待ち伏せもはるか手前で察知できる。遠距離から武器の存在を確かめられれば、回避も反撃も可能になるのだ。

RQ–11レイヴン

RQ–11レイヴン（Raven）が最初に登場した1999年には違う呼び名だったが、そのUAVが成熟して現在のような形になっている。2005年に米陸軍に短距離戦術偵察の用途で採用されて以来、米軍の他の軍隊組織はもちろん、国際色豊かなオペレーターとともに軍の活動にくわわっている。

レイヴンは無人機のヒット商品といってよく、現在では世界中のさまざまな国で運用されている。構造は単純そのもので、高翼とプッシャー式プロペラをつけた模型飛行機によく似ている。駆動は小型モーターで、バッテリーは60～90分航続できる容量がある。

ペイロードは、前方・側方監視用の電子光学（EO）もしくは赤外線（IR）のカメラで、撮影データは誘導ステーションに送信される。このUAVは自律航行もオペレーターによるマニュアル誘導も可能で、航続距離は約10キロになる。着陸は自動で行なう。緊急事態になっても、コマンドひとつで自力着陸を命じられる。

しばらくすると、改良バージョンのレイヴンも登場した。改良点

[右] RQ–11Aレイヴン（Raven）UAVは3000機以上が量産され、2006年には改良モデルのRQ–11Bが生産ラインに乗った。レイヴンは地面近くで失速して、ほんの少しだけ落下するスタイルで、ほぼどこにでも着陸できる。軽量のため壊れることはなく、手投げ発進もできる。

スペック：RQ–11レイヴン			
全長	91.5cm	最高速度	48〜96km/h
翼幅	1.37m	航続距離	10km
動力	エイヴィオクス27/26/7–AVモーター	上昇限度	30.5〜152.4m
		航続時間	60〜90分
重量	1.9kg	発射方法	手投げ

[左] RQ–11レイヴンの機体は、システム総額の約15パーセントを占めているのにすぎない。誘導システムと地上のアンテナのほうがはるかに高額だが、幸いスペアの部品が必要になるケースは少ない。敵地で飛ばすUAVは、最悪の場合使い捨てになると割りきらなくてはならない。

のひとつ、レイヴン・ジンバルは赤外線（IR）・可視光カメラを搭載する小型のジンバル式センサー・ターレットである。UAVが選択された標的に合わせて飛行経路を自律的に調節するあいだに、着陸させなくても、データフィードの画像設定を切りかえられる。また、ソーラーパネルを翼の上面に設置するという改良計画もある。このようにして搭載する電子機器に電力を供給すれば、バッテリーの消費が抑えられ、航続時間ものびる。

　米空軍ではふたり組のオペレーターが、レイヴン2機と誘導機器を収容したバックパックを背負って、現場に向かう。ドローンは、素早く組みたてられて手投げ発進される。といってもただオペレーターが投げるだけなのだが。150メートル以下の比較的低い高度を飛ぶので、発見されれば小火器の攻撃に弱い。ただし、この種のドローンはきわめて有用であるのが実証されており、戦闘での損失があったとしても十分な数が手に入るので大きな痛手には

ならない。

エアロバイロメント・ピューマ

　ピューマ（Puma）も「ラジコン」型のドローンで、2枚羽根のトラクター式プロペラを採用している。ただし一般的な模型飛行機とは違い、軍事環境で遭遇するような過酷な環境にも適応できる設計になっている。模型飛行機マニアは、天候が悪ければ飛ばす予定を中止するかもしれないが、軍隊は偵察データを四六時中必要としている。そのため困難な条件下でも運用可能なドローンが必要となるのだ。

　このドローンは手投げ発進されたあと、燃料電池で推進される。この燃料電池は任務の合間に充電される。機体も他の装置も、悪天候でドローンを飛ばしてもじゅうぶん耐えられる頑丈な作りになっている。おかげである程度「耐兵士仕様」にもなっている。水平な地面か水上なら胴体着陸できる。

　航続時間は速度と条件にもよるが、テスト飛行でピューマは、燃料電池で5〜9時間、充電式バッテリーで約2時間の航続時間を記録している。防水性のある電子機器のパッケージには、電子光学（EO）・赤外線（IR）カメラと航法用のGPS誘導装置が収められている。データはリアルタイムで地上誘導ステーションに送られる。最大運用半径は15キロ程度だ。地上ステーションは、ビ

[左]RQ-20Aピューマ（Puma）AEの「AE」は、「全環境型（All Environment）」を表す。この小型UAVは、平らな場所なら水上でもどこでも着陸が可能で、たった数歩助走するスペースがあれば、空中に放り投げて発進できる。構造が頑丈なので、軍事環境にも耐えられる。

[上]ピューマは翼下にある運搬用格納室にペイロードを搭載できる。またその他にも内蔵のセンサー・パッケージとして、ジンバルに電子光学（EO）・赤外線（IR）カメラが収納されている。運搬用格納室には、ミッションの性質に応じて、通信中継機器などの新たなペイロードを短時間で追加、あるいは取りはずしできる。

スペック：ピューマAE			
全長	1.4m	航続距離	15km
翼幅	2.8m	上昇限度	152m
動力	バッテリー	航続時間	3.5時間強
重量	6.1kg	発射方法	手投げ、レールランチャー（オプション）
最高速度	37〜83km/h		

デオからの静止画像の切りだしや、データの再送信ができる。ピューマは米特殊作戦軍（SOCOM）の活動で使用されている。これまでは目標識別や戦術偵察、損害評価に使われてきたが、それ以外にも密輸の取り締まりや国境警備、海洋監視、救難など幅広い用途がある。

ワスプ

ワスプ（Wasp）は超小型のUAVで、主に進路偵察や戦術偵察、部隊防護の任務を想定して、米軍のために開発された。どの部隊も部隊防護をつねに気にかけてはいるが、最優先の任務にはならない。つまり、無事の帰還を最優先に出撃した戦闘可能部隊は、いまだかつてないということだ。もしそれが第1の目標なら、基地から出ないほうがましだろう。

攻撃から災害時の生存者の救出にいたるまで、軍隊はつねに

[左]ワスプ(Wasp)MAV(マイクロUAV)は、レイヴン、ピューマ、スウィフト(Swift)といったUAVと共用の誘導システムを使用している。小型ではあるが、有用な電子光学(EO)・赤外線(IR)カメラを搭載可能で、必要な場合はペイロードを短時間で交換できる。

主任務を担っている。ただし同時に、最大限安全を心がけて無意味な人的損耗を出すのは避けなければならない。「部隊防護」とは、リスクを最小限に抑えて、状況の展開に即応できるようにすることにほかならない。このような取り組みには戦術情報が貴重な手段になる。

　ワスプUAVは分隊レベルで戦術偵察を行ない、部隊防護を支援している。そのためのUAVは、分隊の隊員が携帯する他の装備品を減らさなくてもよいように、また素早い身のこなしや火器の使用を妨げないように、小型でなければならない。したがってこのような役割を想定されるドローンは、超小型にならざるをえないので、重いペイロードの積載や長時間の航続は無理になる。また安価であって迅速な配備が可能でなければならない。

　ワスプは地面からの発射後45〜90分間の滞空が可能で、運用半径は5キロ程度になる。みずからルートを定めて自律飛行し、人が誘導しなくても着陸する。現在は水上着陸が可能なモデルが開発されている。ペイロードの電子光学(EO)・赤外線(IR)カメラは、リアルタイムのデータを制御装置に送ってくる。この制御装置は軽量の共用地上誘導ステーションで、ピューマなどのUAVにも使われている。立てこんだ市街地で多くの作戦が展開されて

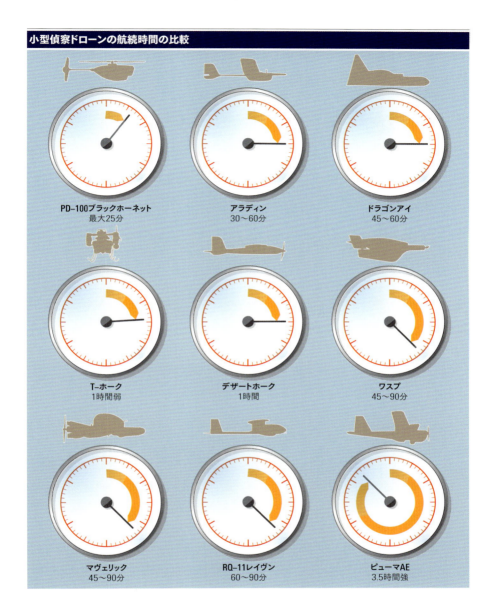

小型偵察ドローンの航続時間の比較

PD-100ブラックホーネット 最大25分	アラディン 30〜60分	ドラゴンアイ 45〜60分
T-ホーク 1時間弱	デザートホーク 1時間	ワスプ 45〜90分
マヴェリック 45〜90分	RQ-11レイヴン 60〜90分	ピューマAE 3.5時間強

いるときなどに、地上ステーションとの交信が途絶えたときは、ピューマは自律的に安全着陸するようにプログラムされている。

ドラゴンアイ

　ドラゴンアイ（Dragon Eye）は双発の小型UAVで、幅広の翼に取りつけられた「トラクター式」の電動プロペラ2個で駆動される。水平尾翼はなく、そのかわり大きな主翼の形状とサイズで飛行を可能にしている。中央の胴体部は幅広のごつい作りで、装備類のために最大限のスペースを確保している。

　米海兵隊が主に市街戦（MOUT）で投入する、軽量で小型の戦術偵察ドローンを求めていたため、ドラゴンアイはその要求仕様を満たすUAVとして製作された。バックパックに収容して運び、10分もあれば発射準備が整う。バンジーコードか手投げで発進させたあとは、オペレーターが設定した中間地点(ウェイポイント)をGPS誘導でたどりながら、事前に計画された任務を遂行する。

　ドラゴンアイは操作を極力簡素化しているので、1週間以下の訓練で使用方法を呑みこめる。戦術偵察を行なえる低照度側方監視カメラがついており、約10キロの運用半径内からライブ映像をオペレーターに送ってくる。

　機体は頑丈に作られていて耐久性があり、軽量の素材が使われている。構造も残存性を重視して、部品が壊れるのを防ぐた

［下］ドラゴンアイ（Dragon Eye）UAVは、固い物にぶつかるとバラバラになるように設計されている。うまく行けば、部品が無事であとから組みたてられる。破損した部品があったとしても、モジュール化されているのでスペアの交換は容易である。

スペック：ドラゴンアイ			
全長	0.9m	航続距離	5km
全幅	1.1m	上昇限度	142m
動力	1×非充電式バッテリー	航続時間	45〜60分
重量	2kg	発射方法	手投げかバンジーコード
最高速度	35km/h		

めに、衝撃を受けるとバラバラになるように設計されている。標準的なドラゴンアイのセットは、UAV2機と地上ステーション1台で、もっとも破損しやすい機首ユニットのスペアも2個ついてくる。

製作予定の改良モデルでは、異なるセンサーと自動着陸システムを採用するとともに、動力ユニットが改善されて、現在45〜60分の航続時間が延長される見込みだ。その一方でドラゴンアイには、軍事を超えた用途も見出されている。2013年には、火山付近で暮らし、働く人々の安全性を高めるための計画に組みいれられて、火山噴煙の調査を行なった。

このような環境できわめて危険なのが、大量の二酸化硫黄を

［下］ドラゴンアイUAVはバンジーコードを使って発射したあと、オペレーターが設定した中間地点(ウェイポイント)をたどりながら飛行する。ドローンが飛行中でもオペレーターが中間地点を再設定すれば、ドラゴンアイを気になる地点に導くことも、予定より早く帰還させることもできる。

含む「ヴォグ」、すなわち火山性フォグである。この中で有人機を飛ばせば、乗員に有害であるばかりでなく、酸素濃度が下がってエンジンが止まる重大なリスクを冒すことになる。電動のドローンならどちらの問題もクリアする。有人機や地上からの調査隊を送るには危険すぎる地域でも、ドラゴンアイはデータの収集を無事終えた。

アラディン

アラディン（Aladin）UAVは、近距離戦術偵察での使用を目的にドイツ陸軍によって開発された。シンプルな広翼の形状で、「トラクター式」プロペラで推進される。ふたつのケースに分けて運搬され、5分で発進準備が整う。バンジーコードで発射し、運用半径は15キロ程度になる。

発進後は、あらかじめ定められたGPSの中間地点（ウェイポイント）をとおって飛行するが、オペレーターが登録地点を変更すれば飛行経路も変わる。ペイロードの昼光・赤外線（IR）カメラは、前方のみなら

[下］アラディン（Aladin）は、UAV2機と地上誘導ステーション1台をひと組にして配備される。ドイツ陸軍では2005年ごろから、オランダ陸軍では2006年から使用されている。どちらの軍もアフガニスタンでは、アラディンを近距離空中偵察・監視に使用していた。

[上]アラディンは最初から、厳しい条件下でも昼夜を問わず活動できるように設計されている。とくに必要とされたのは、アフガニスタンの山岳地帯の環境にも適応できる耐久性と、急旋回できる運動能力だった。アラディンはものの数分間で発射準備を整えられて、バッテリーを交換すれば別の飛行任務に飛びたてる。

ず下方、側方の視界をとらえられる。任務を遂行できる時間はバッテリーのもつ時間によって決まり、30〜60分になるが、小規模部隊レベルの戦術偵察にはこれでまったく差し障りはない。

　革新的な潜水艦発射モデルは、すでに配備されている。潜水艦にはアラディン3機とカタパルトがセットで支給され、カタパルトは伸縮自在のマストに取りつけられる。潜水艦が潜水中でもカタパルトを水面上まで持ちあげれば、UAVを発射して局地的な偵察ができる。この場合ドローンを回収できる見込みはないので、使い捨てと割りきらなくてはならない。

　ドローンを発射した潜水艦は、通信マストをのばしたまま浅く潜って、UAVの誘導とリアルタイムのデータの受信をすることができる。またしばらく深く潜水してから浮上して、対象地域のデータをダウンロードする方法もとれる。潜水艦もUAVを使用すれば、内陸部の状況を偵察できる。あるいは浮上した潜水艦の展望塔より

は高くて見晴らしの利く場所から、周囲の様子をうかがうことができるだろう。

　このドローンが真価を発揮するのは、特殊部隊のチームを潜水艦で所定の場所まで送りとどけるときだろう。目標地域についての最新の偵察データを供給できるので、潜入チームが安全に配備され、危険について事前予告を受けられる。同様に、任務を果たした上陸チームの帰還をアラディンに見守らせて、撤退時に安全なルートを誘導させてもよい。

マヴェリック

　ドローンのマヴェリックは幅広の高翼をつけ、後部に配置したプッシャー式プロペラをモーターでまわしている。一般的な小型偵察ドローンにはよくある組み合わせだが、マヴェリックにはある風変わりな特徴がある。メーカーが「生物カムフラージュ」と呼ぶように、このUAVには鳥に見える偽装がほどこされているのだ。

　小型ドローンは何よりも、視覚的に発見されるおそれがある。このように小さな物体が地面近くを飛べば、レーダーでの探知は難しいし、熱シグネチャも最小限に抑えられる。ドローンが敵の小火器で撃ち落とされる確率は皆無に近いとしても、発見されれば監視の目があり、ドローンのオペレーターが近くにいるのを、標的に悟られてしまう。間近に迫れば、マヴェリックに騙されることはないだろう。鳥がプロペラを装備しているわけはないからだ。ただし、ある程度離れて飛んでいる物体が鳥のような形をしていて、鳥のような飛び方をしていれば、注意を引くことはまったくないといえる。

　マヴェリックは手投げで発進され、回収するときはネットに引っかけて胴体着陸させる。航続時間はおよそ45〜90分だが、バッテリー交換には1分もかからず、オペレーターがいる場所ならどこでも再発進できる。このUAVは丈夫で軽量な素材で作られているので、折り曲げても壊れない。そのため墜落や衝突をしてもダメージをこうむらないだけでなく、翼を丸めて筒型のパッケージに収納できるので、取りだしてから2分もしないうちに使用できる。

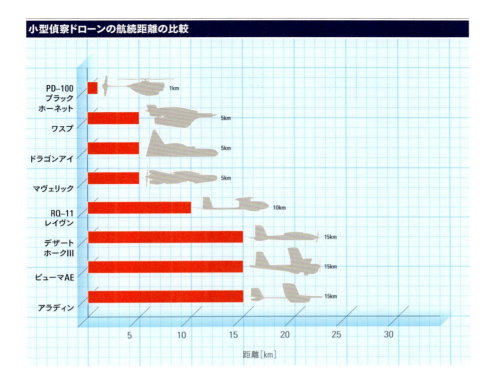

小型偵察ドローンの航続距離の比較

 標準仕様のマヴェリックは、前方を向いたカメラとふたつのセンサーを機体のポッドに搭載している。またもう1台のカメラもしくは赤外線（IR）センサーを側方監視用に取りつけるか、あるいは追加のセンサーを格納式ジンバルに収納することができる。機体と尾翼、機首の部分とペイロード格納室は、すべてモジュール化されており、ほとんどの部分に炭素繊維が使われている。
 自動衝突検出・回避に利用される前方監視カメラは、地上制御装置「マーリン」によって自動制御されている。マーリンは画像を受信するとカメラのブレなどを補正するほか、半径5キロ以内のUAVにオペレーターのコマンドを送信する。マヴェリックは制御範囲をはみだしても、制御装置との交信が復活するまで画像を内蔵ストレージに格納しておける。
 制御は簡単で、複数ある飛行モードのいずれかを選択する。大別すると携帯式コントローラーを使ってのマニュアル操作と、

［左上］マヴェリック（Maveric）は翼を胴体に巻きつけて筒型容器に収納し、引きぬいたとたんに翼が展開する。空中に放り投げられたあとはプログラムされたコースを飛び、前方監視カメラで確認した障害物を自律的に回避する。たとえ何かに衝突したとしても、めったなことでは破損しない構造になっている。

［左下］マヴェリックの「生物カムフラージュ」仕様というのは、平たくいえば鳥によく似ているということだ。このUAVはほとんど音をたてないので、敵に気づかれることはないだろう。仮に見つかったとしても、軍用品には見えない外観なので、無視される可能性が高い。

中間地点(ウエイポイント)を利用した自律的な操作がある。自律飛行モードの中には、オペレーターが次の目的地を指示するとドローンが自動的に高度とスピードを調節する、簡単「ナビ」モードがある。「滞空」モードでは所定の中間地点のまわりを旋回し、「集合」モードではマークされた地点に向かう。「帰還」モードでは、あらかじめ登録しておいた帰還地点にドローンが戻ってくる。

　マヴェリックは戦術偵察、状況判断、戦闘の損害評価など、通常の小型偵察ドローンの行なう任務を遂行できる。そのうえ、敵がその正体を見破れないという長所がある。反乱者は監視されていないと思うと、気が緩んで武器をしまうのを忘れがちで、自分らの姿や行動を隠そうともしなかったりする。

このように隠密偵察を遂行できれば、待ち伏せ攻撃や奇襲にも役立つだろう。他の近距離偵察ドローンの場合、敵に気づかれれば、その周辺に部隊が潜入して何かをしようとしていることを逆に悟らせてしまうことになる。偵察ドローンは利用価値がおおいにあるが、発見されたり気づかれたりすれば諸刃の剣になりかねない。大半の小型ドローンは発見されにくい。マヴェリックは鳥のふりをするので、ますます気づかれにくくなる。

T-ホーク（タランチュラ・ホーク）

T-ホーク（タランチュラ・ホーク）ドローンは、機体を浮揚させるのにプロペラではなくダクテッドファン［円形のダクトに覆われているファン］を使っている点がユニークだ。ホバリング静止が可能なため、地面に触れずに地域の綿密な調査ができる。その能力がおおいに重宝されるのが、爆発物処理（EOD）活動や手製爆弾（IED）の探知である。

バックパックで運べるほどのサイズで、航続時間は1時間足らずしかないが、スピードが出るのでその時間で広い範囲を飛びまわれる。軍事利用以外にも、さまざまな安全対策の役割に適しており、文民の災害管理でも活用されている。

2011年には、福島第1原発の損傷を調査するために投入された。T-ホークは格納容器内でも活動可能なので、放射線量が高いと見られる危険箇所の損傷具合も、離れた場所から確認できた。

PD-100ブラックホーネット

ブラックホーネット（Black Hornet）がナノ無人機（NUAV）と称されているのは、そのきわめて微小なサイズのためである。2012年の末には連続生産に入り、2012年末から2013年初めにかけて英軍に納入された。

このNUAVも、情報収集、監視、偵察といった、大型ドローンとまったく同じ任務をこなす。ただし運用範囲は、充電式バッテリーがもつ約25分以内に飛行できる距離に限定される。このド

[左上]「ナノ無人機」ブラックホーネット（Black Hornet）は、マイクロ無人機と呼ばれる小型ドローンよりさらにサイズが小さいドローンである。小型なのでペイロードの重量や航続時間はかぎられるが、それでもカメラ1台を搭載して最大25分間の任務を遂行する。

[右上]個人偵察システムと呼ばれるブラックホーネットは、誘導システム1組と機体2機のセットで支給される。このドローンはプログラムされたコースを自律飛行するので直観的に操作できるが、効果的な使い方をするためには訓練が必要になる。

ローンは手のひらサイズで、ポケットに入れてもち運べる。重さはたったの16グラムしかない。ドローン2機と制御装置1組で1セットになるが、その総重量も1キロに満たない。

　ブラックホーネットは航続時間が短い。が、それと引きかえに超小型化を実現して、固定翼タイプのドローンでは無理な場所でも活動できる。屋内など、立てこんだ環境でも正確な機動をするので、建物の部屋に潜んでいる敵を捜索するような使い方もできる。

　このような市街地の戦闘環境で使用するドローンは、必要なときにすぐ配備できなければ意味がない。ブラックホーネットは1分も経たないうちに飛びたつので、戦闘員が突入しようとする場所への迅速な隠密偵察が可能になり、銃弾にさらされずにスナイパーを探しだせる。ローターはほぼ無音でブラックホーネットは目視されにくく、現在配備されている探知機なら引っかかる確率も低い。

　野外での運用も可能である。機体の小ささと形状のために風の影響を受けにくく、垂直に上昇して壁などの障害物も越えられる。あるいは窓をのぞきこむ、逆に窓の外を眺める、といった固定翼ドローンでは難しい動きもできる。

　サイズは超小型でも、ブラックホーネットは3台のカメラを搭載

[右] 市街地での戦闘には、死と隣り合わせの危険が潜んでいる。狙撃の銃弾が届かない場所で前方の様子を偵察できれば、人命を危険にさらさなくてもすみ、任務の成功率も高くなる。超小型のドローンは敵に気づかれないので、不意をつけるというメリットがある。

しており、向きを変えたりクローズアップしたりしながら、低照度の映像もしくは静止画像の撮影をする。片手で操作できるコントローラーとディスプレーで誘導し、見通し内なら1000メートルまでのマニュアル操作が可能だ。あるいは中間地点(ウェイポイント)を設定すれば、GPS誘導でそれをたどりながら自律飛行する。

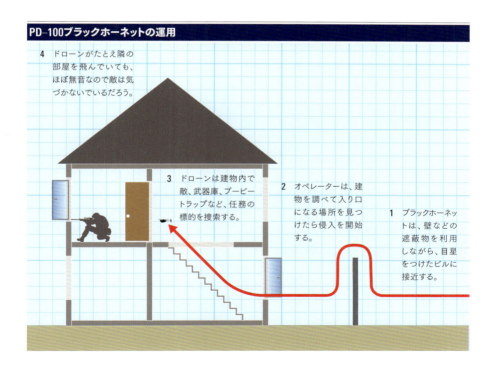

PD-100ブラックホーネットの運用

4 ドローンがたとえ隣の部屋を飛んでいても、ほぼ無音なので敵は気づかないでいるだろう。

3 ドローンは建物内で敵、武器庫、ブービートラップなど、任務の標的を捜索する。

2 オペレーターは、建物を調べて入り口になる場所を見つけたら侵入を開始する。

1 ブラックホーネットは、壁などの遮蔽物を利用しながら、目星をつけたビルに接近する。

巡航ミサイル

巡航ミサイルを、用途がひとつに固定されたドローンの一形態とする見方は、的外れではない。「巡航ミサイル」という言葉は、このミサイルが通常のミサイルのように推進システムや慣性によって飛翔するのではなく、航空機のように飛行することを意味している。ミサイルのフィンは安定板と操縦翼面になっている。一方巡航ミサイルの翼は揚力を発生させる。これで抗力が生じてミサイルは減速するが、揚力のおかげでかなりの低燃費で飛行できる。エンジンからの推力で、機体に上方と前方に力を同時にかけなくても、飛んでいけるからである。

そのため巡航ミサイルは、従来型のミサイルとくらべて航続距離が大幅にのび、目標地域にいたるまでのあいだに高い機動性を発揮できる。実際巡航ミサイルは、防空施設を迂回しながらかなり複雑な飛行経路をたどるように、プログラムすることもできる。航空機とくらべると小型なので探知しにくいうえに、低高度を飛べばなおさら探知は難しくなる。また長距離の飛行後も、目標に大型の弾頭を正確に命中させる精度がある。

巡航ミサイルの発射は、固定式もしくは移動式の地上発射台、潜水艦、航空機など、さまざまなプラットフォームから行なわれる。

[左]初期の巡航ミサイルは核兵器のスタンドオフ投射システムとして開発されたので、今日にいたるまで、「巡航ミサイル」は「核兵器」だと考えている人は多い。ところが実状では、今日の巡航ミサイルの大半が通常弾頭を搭載していて、航空機や潜水艦、水上艦艇からの発射が可能になっている。

巡航ミサイルの飛行経路

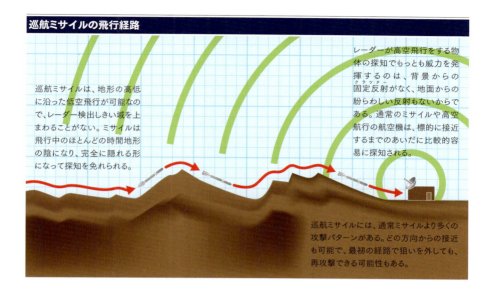

巡航ミサイルは、地形の高低に沿った低空飛行が可能なので、レーダー検出しきい域を上まわることがない。ミサイルは飛行中のほとんどの時間地形の陰になり、完全に隠れる形になって探知を免れられる。

レーダーが高空飛行をする物体の探知でもっとも威力を発揮するのは、背景からの固定反射（クラッター）がなく、地面からの紛らわしい反射もないからである。通常のミサイルや高空航行の航空機は、標的に接近するまでのあいだに比較的容易に探知される。

巡航ミサイルには、通常ミサイルより多くの攻撃パターンがある。どの方向からの接近も可能で、最初の経路で狙いを外しても、再攻撃できる可能性もある。

[右] 大型機は大量のミサイルを搭載可能で、広範囲に散らばっている標的に発射できる。ロータリーランチャーは、リボルバーの回転弾倉（シリンダー）と似た仕組みで働き、B–52などの重爆撃機に装備されると、爆弾槽に多くのミサイルを格納できるようになる。

このように移動が可能なので、ミサイルを敵地の目と鼻の先まで、あるいは不意をつく方向から敵の空域へ侵入を開始できる発射地点まで運搬できる。

AGM–86

AGM–86 ALCM（空中発射巡航ミサイル）は、核攻撃プラットフォームとして開発された。もともと戦略核攻撃は爆撃機の役割で、核

この時代がかったB-52ストラトフォートレス重爆撃機は、巡航ミサイルの投下が可能であるために、攻撃母機として現役でありつづけているといっても過言ではない。翼下のパイロンに搭載するミサイルは爆弾槽から補充できるので、敵空域の外にいる単独のB-52で、数ヵ所の標的を攻撃できる。

兵器を投下するためには敵の空域に侵入する必要があった。地上の基地や潜水艦から発射できる弾道ミサイルが出現すると、速度や高度などにおいてそれを上まわる核攻撃が可能になったが、大半の超大国の核兵器保有量は、爆撃機による攻撃への高い依存度を示しつづけていた。

だがレーダー探知や地対空ミサイルの配備といった形で、防空システムが進化を遂げると、出撃する爆撃機はそれまで以上に危険にさらされるようになった。一時は、地対空（SAM）ミサイル基地の交戦エンベロープの上空を飛ぶこともできたが、こうした防御の抜け道はミサイルが改良されて消滅した。低空からの「猛進」突破とステルス性のある爆撃機の出現で、新たな可能性が開けたが、それでも爆撃機乗員の平均余命は縮みつづけた。

高空飛行での要撃専用機も開発された。この目的を特化した航空機は、巨大な長距離空対空ミサイルで武装することもあったが、制空戦闘機としては振わなかった。それもそのはず、求められた役割は制空ではなく、可能なあらゆる手段を使って爆撃機を止めることにあったからだ。超遠距離から爆撃機の集団を迎撃するために、対空核ミサイルまで開発された。

このような状況にあるため、核武装した爆撃機が敵空域に侵入して、武器を発射する戦術は現実的でなくなった。それでも相当数の爆撃機が、搭乗員にくわえて核の投射を支援するために立ちあげられたインフラとともに残された。もしこうした爆撃機が、

［下］AGM-86 通常弾頭型巡航ミサイル（CALCM）は、B-52の爆弾槽から投下される。巡航ミサイルによるスタンドオフ攻撃は、1991年の湾岸戦争の開戦直後に絶大な効果をあげた。イラクの主要な指揮統制所を叩き、敵に反撃のチャンスをあたえなかった。

核ミサイル発射用のプラットフォームに改造されたら、既存の役割を継続しながら乗員の生存率を高められるだろう。

AGM–86巡航ミサイルは、アメリカのB–52爆撃機に搭載できる設計になっている。翼下のパイロン（兵装支持架）に6発まで装備が可能で、爆弾槽の回転式ロータリーランチャーにさらに8発が装塡される。これで爆撃機は、敵射程外からのスタンドオフ攻撃が可能になり、戦術的、戦略的な選択肢が広がった。ミサイルを搭載した爆撃機は待機地点で攻撃命令を待つが、最後の瞬間まで攻撃を中止することが可能になっている。

AGM–86Aと名づけられたオリジナル・モデルは制式採用されずに終わった。それをやや大型化したAGM–86Bは、核投射システムとして生産ラインに乗せられた。このミサイルは発射後、慣性誘導と地形等高線照合（TERCOM、ターコム）を連携させながら、低空飛行をする。ターコムは、ミサイルの電波高度計（レーダー）から得られたデータを、あらかじめプログラムしておいた通過予定の地表の地図と照合して、地表の立体的な形が似ている場所を捜しだしたあとに、一般的には飛行高度を下げる。それによってナビゲーションが正確になると同時に迎撃も困難になる。

この巡航ミサイルが導入された1970年代の半ばの時点では、大規模な紛争が起これば核兵器の使用は必須と思われていたため、核弾頭の投射は戦略爆撃機の主要な任務でありつづけた。ただし時間が経つにつれて、従来型、すなわち非核戦争が続く見通しが立ったため、今度は空中発射巡航ミサイルに非核弾頭を換装する決定がくだされた。

そこで誕生したのが、AGM–86C、Dのモデルだった。どちらも通常弾頭を使用する。AGM–86Cは標準的な炸薬で起爆し、2次的な破片効果をもたらす。このようなミサイルは、広範囲の「堅固化」されていない地域目標、すなわち人間や通信機器、軽構造物、非装甲車輛に対して最大の破壊力を発揮する。戦車などの装甲車も弾着点に近ければ、大破させられるだろう。ただしこの手の兵器は、掩蔽壕のような地下構造物には、ほとんど効果がない。

AGM–86Dモデルは地中貫通弾頭を搭載している。「掩蔽壕バスター」とも呼ばれる地中貫通弾頭により、ミサイルは起爆前に地中深く潜り、岩やコンクリートでさえも貫通する。このようなミサイルで効果をあげるためには、目指す標的を確実に仕留める必要がある。ただしその程度の命中精度は、GPS誘導を採用すれば達成できる。

　空中発射巡航ミサイル（ALCM）から通常弾頭型巡航ミサイル（CALCM）に名称を変更したAGM–86C/Dは、1991年以降のイラクでの紛争と、1999年のバルカン半島で使用された。最初に実戦投入されたのは、1991年の「砂漠の嵐」作戦の開始早々だった。この時は米国本土から発進したB–52爆撃機が、イラクから距離を置いた発射地点に到達し、複数の重要目標に精密な巡航ミサイル攻撃を行なった。

　この異例の長距離航行で、1982年のフォークランド紛争の「ブラックバック」作戦で、歴史に刻まれた最長距離爆撃の記録は、航続時間、航続距離の両方において塗りかえられた。1982年の爆撃では、ヴァルカン爆撃機が南大西洋上のイギリス軍基地から出撃し、フォークランド諸島に到達したのちに照準を定めて、爆弾や対レーダー・ミサイルによる比較的小規模な攻撃をした。それとくらべると1991年の空襲は、発射されたミサイルの数も数倍におよび、敵にはるかに大きなダメージをあたえて、紛争の方向性に影響をあたえるだけの役割を果たした。それは主に最終投射システム、すなわちAGM–86C CALCMによる成果だった。

　アメリカのAGM–136タシットレインボウの開発計画では、空中発射巡航ミサイルをさらに発展させたコンセプトが示された。この計画は最終的には中止になったとはいえ、興味を引く着想はあった。敵防空網制圧（SEAD）は航空戦力にとって重要な任務だが、高速対電波源ミサイル（HARM）にもSEADは可能だとしたのだ。ここでいう「電波源」は、敵の追跡・防空用のレーダーからの照射を意味する。そうしたレーダーの放射源が探知されたときにHARMミサイルを発射すると、ミサイルが信号を自動追尾してレーダーを破壊する。

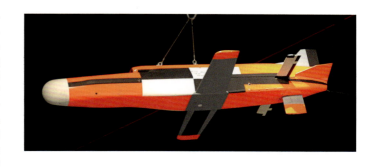

[右]AGM–136タシットレインボウ・ミサイルは、本質的にはドローン型航空機である。標的がいると思われる場所まで自律飛行して旋回し、敵の防空レーダーが発信源を露呈するまで待機する。実験すれば、探知したレーダー照射にもとづいて、攻撃と中止の判断もできるはずだった。

スペック：AGM–86巡航ミサイル			
全長	6.29m	重量	1,417kg
翼幅	3.64m	最高速度	885km/h
直径	62.23cm	航続距離（AGM–86B）	2,400km
動力	ウィリアムズ・インターナショナルF–107–WR–101ターボファン・エンジン		

　ただしそのためには発射母機が敵の防空識別圏内に入って、地上から発射されるミサイルの攻撃にさらされなければならない。タシットレインボウはその代替案として、持続的対レーダー・ミサイル（PARM）というコンセプトを提案した。航空機から発射されたAGM–136は、不審な標的がいそうな空域まで飛翔し、敵のレーダーが電波を発信しはじめるまで飛びながら待機している。いったんレーダーが照射されると、AGM–136はほとんど予告なしに攻撃に移る。もちろんこうした任務を遂行する能力は、ミサイルが目標地域に入って待機経路を旋回しながら、目当ての照射を待てるかどうか、そして標的を識別して攻撃を開始し、みずからを標的へ誘導できるかどうかにかかっている。こうしたことにはすべて高性能のセンサーと自律的な判断をする電子機器の連携が必要だが、当時のテクノロジーはまだそこまでおよんでいなかったのだろう。この計画は1991年に中止されたが、今日の先進的なステルス・ドローンにその可能性を残している。敵の防空をドローンが一掃すれば、従来型航空機の攻撃の進路ががら空きになるのだ。

ここ数年で小型だが驚くほど精巧なドローンを、レジャーとして楽しむ人が増えてきた。ラジコンの飛行機やヘリコプターは一部のマニアの趣味にとどまっていたが、ドローンは多くの人々の心をとらえているようだ。ドローンは操縦が簡単であるせいかもしれない。

第2部 非軍用ドローン

Non-Military DRONES

イントロダクション

軍の外の世界では武装ドローンの現実的な用途はないが、それ以外の能力は幅広い産業で利用できる。UAVのもっとも低コストで基本的な機能であるカメラや赤外線センサーでも、さまざまな応用例が考えられる。ただし、カメラ搭載ドローンに反対する声もある。部外者の立ち入りが禁じられた場所に侵入させて、被写体が公表を望まないような画像を撮ることもできるからだ。

　では科学の分野はどうか。実をいうと研究調査にとって、大きな障害になっているのは資金ぐりである。遠隔撮影や空撮が必要な計画には膨大なコストがかかる。しかも予測できる時間枠で金額的な見返りを望めそうもない計画には、資金は集まりにくい。

　ところがそこでドローンを使用すれば、コストが大幅に削減されるので、野生生物の観察から天候監視、考古学にいたるさまざまな分野で、計画の実現性が高められる。地上で見ると植生のパターンや地形に変わった特徴はなかったのに、空中から俯瞰すると史跡であるのが一目瞭然だったという例も少なくない。ドロー

[左]農業の分野では、シンプルだが頑丈なUAVに多くの用途が見出されている。カメラで広大な農地の様子を監視すれば、目で見て確かめるより時間の大幅な節約になる。作業用のドローンには、農地のさまざまな危険から保護するために、頑丈な容器が必要になる。

エアロマッパー・オプションE（Aeromapper Option E）

- 炭素繊維の機体とファイバーグラスのペイロード格納モジュール
- 送受信可能な長距離遠隔測定リンク
- ドラゴンリンク長距離システム（リモコン）
- パラシュートによる簡単回収
- 最高品質のマッピング・レンズをそなえた24メガピクセルのカメラ
- 強力なモーターと折りたたみ式プロペラ
- オプションの長距離前方監視FPVビデオシステムも利用可能
- 胴体部のドアが自動開閉してカメラのレンズを保護

ンを上空に何度か飛ばして広範囲のマップを作成すれば、考古学者は発掘場所の目星をつけて、さらに踏みこんだ調査を開始する資金を集められる。

同様に通常の空撮を利用して、広範囲にわたる砂丘の移動や海岸の浸食を観察することもできる。こうしたことを従来の方法で行なえば莫大な費用がかかるだろう。ところがドローンをベースにした計画はごくわずかな資金で実現できるのに、重要なデータを収集できる。同じことが、河川や水路の調査にもあてはまる。何度もドローンを飛ばせば、状況の変化やその速度をつかむヒントになる。それに対し写真を何枚か撮って終わりにすれば、せいぜいその日の状況を断片的にカメラに収めるだけになるのだ。

法執行機関

カメラは治安維持や防犯、法執行の目的でも貴重なツールになる。広大な地所や安全地帯を監視するのに、大がかりな警備隊を雇うよりも、ドローンを飛ばして何台かのカメラを設置したほ

うがはるかに費用対効果がよいだろう。また遠く離れていてさほど利用していない土地を監視するなら、自分で直接足を運ばずにドローンをときたま向かわせるだけで事足りるはずだ。

こうした方法は、自分の土地に不法占拠者という歓迎せざる者が入りこんでいるのではないか、別の目的で悪用しているのではないかと気がもめる地主にとっては有用だろう。タイア痕や植物がつぶされた場所、壊れた壁やフェンスは、誰かが許可を得ずにその土地を使用していることを示す手がかりになる。そこですぐさま行動に出れば、不法占拠者を追いだす法的措置も一気にとれる。それでも離れた場所の静かな一画でしばらくの間暮らしている者は、根が生えてなかなか動こうとしないかもしれないのだ。

ドローンのカメラは法律の執行において利用できる。交通違反の記録から、暴徒化した群集が本格的な暴動にエスカレートする過程の監視にいたるまで、役に立つ場面は多い。空撮により、現場の管理者が起こっていることの「全体図」を把握できるほか、注目箇所の拡大や、事件の記録を証拠に残すこともできる。空中は見晴らしがよいので、保安要員や警官を事件現場に導いたり、逃走した容疑者を追跡したりするのにも都合がよい。

法廷では最近ますます、ビデオや写真の証拠物件が求められるようになった。そうした画像を撮る機会が増えているので、当

UAVの活用例

ドローンは多様な作業での利用が可能で、しかもその多くの例で従来の方法よりコストや危険性を低減している。ここにあるのは、ドローン利用のほんの一例である。

- 考古学の測量
- 治安──監視、群集の継続監視と統制
- 法執行──監視、交通監視、救難、逃走犯人の追跡
- 林業研究のためのマッピング
- 空中査察と継続監視
- 通行制限区域もしくは環境災害の影響を受けた地域のデータ収集
- 気象学──嵐の継続監視、氷河のマッピング、一般的なデータ収集
- 人道支援──到達が困難な地域への医薬品やワクチンの輸送
- 農作物や家畜のデータ収集──作物の虫害の発見、農業の収穫量の確認、農薬散布、家畜の頭数確認
- 環境監視──違法採掘、違法伐採、保護地域への侵入、乱獲
- 消火活動──森林火災の継続監視、危機管理
- 野生動物の保護──動物の追跡

[右]法執行機関は長年ヘリコプターを使用しているが、費用がかかるため四六時中出動させるわけにはいかない。スコーピオ（Scorpio）30のような小型のUAVモデルなら、運用コストはほんのわずかでも、有人ヘリの仕事の多くを肩代わりできる。

然といえば当然だろう。またそうした傾向が一般化するにしたがって、画像の証拠がない訴訟は説得力に欠ける印象をあたえるようになった。したがって事件をリアルタイムで監視できれば、必要なときに証拠を提出するのに困らないことになる。警察のドローンがそばにいれば抑止力にもなるだろう。また警察や保安要員を不利な申し立てから守る役割もある。ドローンはまた、テレビや映画などの撮影にも使われる。地上のスタッフがヘリをチャーターしたり足場を組んだりしなければ撮れないようなアングルでも、ドローンで空撮ショットが撮れる。潤沢な予算がある映画会社ならそこまで考えないだろうが、小規模なプロダクションにとっては、それまでなかった選択肢が得られることになる。

商業輸送

　ドローンは、商業輸送においても能力を発揮する。今はすでに小荷物ならドローンで運べるところまで来ている。ゆくゆくは大型の託送品の配送も実現するだろう。遠隔地への配送の主要な問題は技術的なものだが、市街地での宅配ドローンの運用では、法律の壁が大きく立ちはだかっている。

　大きな荷物や店舗の在庫丸ごとを、裏庭や屋上に届けてもらえるとしたらさぞかし便利だろう。そうなれば、車の流れをぬいながら大型輸送車輛を運転して、届け先の近くに駐車するといった

ことで苦労する問題が消滅する。ただし市街地では他のドローンと衝突する可能性をはじめとして、あちこちで危険が待ちかまえている。衝突回避と安全運用についての技術的問題は無視できない。またそうしたことが克服されたとしても、対応すべき法的問題が残っているだろう。

認可の条件のために、市街地でのドローン宅配の認可には厳しい条件がある。ほとんど認可されそうにない［米連邦航空局は、オペレーターの視界が届く範囲で、人の頭上を飛ばない場所のみでの運用を提案している］。基準を満たす信頼性の高いドローンを購入して、維持管理をする費用もばかにならない。少なくとも当面は、商業輸送を実現できそうなのは惜しみなく資金を注入できる者だけになりそうだ。

被災地

自動操縦するドローンは、災害への対処では監視用プラットフォームとして重要な役割を果たすだろう。補給物資の輸送や負傷者の搬送にも活躍する可能性がある。可視光・赤外線カメラは、災害の状況把握や生存者の捜索に貴重な情報をもたらす。ここでも空中は見晴らしがよいので、対応を調整するのに都合がよい。将来、消防車や警察の緊急車輌がドローンを積んで出動するようになるかもしれない。そうすれば危険が予測される場所に人員を送る前に、ドローンで状況を手っ取り早く評価できる。小型偵

［左］初の定期UAV宅配サービスは、2014年に開始された。小型のクワッドコプターが北海に浮かぶユイスト島に荷物を運ぶと、地元の配達人が受けとり、人口2000人の島で直接配達する。

察ドローンは、軍の小規模な部隊で実際に役立っている。消防隊員など災害救助に携わる人々にとっても、同じく頼りになる助っ人になるだろう。

　家具などかさばる品物の日常的な宅配は、まだ先になるかもしれないが、災害現場では、自動配送システムが実現しそうだ。現場の指揮車まで飛ぶように輸送ドローンをプログラムして、消防車や救急車では運べないような大量の補給物資を届けさせる、といった使い方もできるだろう。森林火災に向かってドローンに水を投下させてもよい。パイロットの疲労を懸念する必要もなく、24時間速度を落とさずに際限なく飛行任務をこなせるため、輸送ドローンはこのような状況で利用されていくと予想される。

水中ドローン

　趣味でドローンを飛ばす人が飛躍的に増える中、同様の目的を満たす潜水機も登場している。中には非常に高価で「真面目な」用途向きのものもあるが、最近は川の水中探検画像をインターネットにアップロードできるようなドローンも増えている。

［下］パロット（Parrot）ARは、趣味で楽しむドローンである。操縦は携帯型のコンソールかスマートフォンで行なう。搭載カメラの映像はスマートフォンに転送されるので、動画や静止画を保存してシェアすることができる。

とはいえ、水中ドローンの大半は趣味で扱うにはもったいない値段である。軍や法執行機関では水中ドローンを港湾保護や機雷掃討などにあてている。一方、科学や商業ベースの分野では、海底地図の作製や海洋生物の観察、パイプラインの点検など、以前ならダイバー・チームを必要としていたすべての作業に使用できる。

　このようにドローンの非軍事利用は、軍事利用より広がる可能性さえあるが、研究を牽引する軍の予算がなければ進歩のスピードは望めない。とはいっても軍事利用のために開発されたテクノロジーに、他の用途が見出されることも少なくない。昨年の戦闘ドローンが翌年には自動調査機になっていたりもするのだ。

NASAのドローン

NASAには、無人機の多様な用途がある。乗員を危険な目に遭わせる前に、多くの場合は、遠隔操作や自律飛行で実験機のテストが行なわれる。実験では何が起こるかわからないため、ドローン以外に安全な選択肢がないこともある。ところが、ドローンがまったく異なる理由で使用されることもある。無人機は人間の搭乗員の連続飛行時間をはるかに超えた滞空が可能だから、観測時間を延長できるのである。

無人機は有人機ほど費用がかからないので、よく電子機器やセンサー類の試験機として利用されている。機器類を搭載してテストをするためには相応の大きさが必要だが、軽いペイロードを持ちあげる燃料はわずかですむ。そのため飛行テストは、通常サイズの航空機にシステムを搭載するよりも、段違いに安くなる。

有人機なら、莫大なコストをかけなければならないところにも、ドローンは送りこめる。超高高度を維持できるのは通常この目的に特化した航空機で、法外な値段になる。無人機は人を乗せな

［右］NASAのパスファインダー（Pathfinder）は、高コストの高高度機もしくは衛星のかわりになる航空機として開発された。計器類を搭載して、以前ならロケット推進でなければ到達できなかった高度まで上昇し、太陽発電機がそのまま長時間滞空できることを証明した。

いので高高度での生命維持システムが必要ない分、格段に軽い機体を製作できる。それは同時に持ちあげる重量が軽くなることにもつながるので、小型化したエンジンと量を減らした燃料で機能を果たせることになる。それでまた、軽量化が促進されるのだ。

　NASAで使用されているドローンで、このコンセプトを極端に進めた超軽量機は、長期間高高度での活動が可能になっている。ところが以前は、高額で技術の粋を集めた航空機をロケット推進で打ちあげるという、力ずくの方法でしか、その高さには到達しえなかった。しかもミッション用ペイロードは、後者のほうが極端に多いというわけでもない。

パスファインダーとパスファインダープラス

　パスファインダー（Pathfinder）の開発ははじめ、米弾道ミサイル防衛局（現ミサイル防衛局）が開始した軍事計画の中で行なわれていた。弾道ミサイルを撃墜するベストなタイミングを、飛翔中や標的に接近したときではなく、発射直後とする考え方はそれ以前からあった。そうなると目標選定のプロセスが簡素化されるだけでなく、ミサイルの残骸や弾頭が標的にされた国ではなく、発射する国の側に落ちることになる。このような攻撃を実現するために高高度長時間滞空型ドローンが開発され、戦域作戦用航空機（RAPTOR）と名づけられた。ラプター・ドローンは、多様な熱検出機器のパッケージでミサイルプルームの高熱噴射排気を走査しながら、敵地の上空を飛びまわる。そしてどこかでミサイルが噴射するとすかさず、ラプター搭載の超高速タロン・ミサイルを発射して破壊する。

　タロン・ミサイルを装備したラプターの目標選定を助けるために、ラプター・パスファインダーという支援UAVが、初期の高高度太陽電池実験機をもとに開発された。このUAVは、翼の上面の太陽電池を動力にしていたが、一晩中高度を保てるほどの発電量はなかった。この開発は失敗だった。ラプターとラプター・パスファインダーはその後、NASAに実験機として引きとられた。ラプターは従来型の航空機で、高高度の科学的な実験には向かなかったため、主に動力の実験機として使用された。一方ラプター・

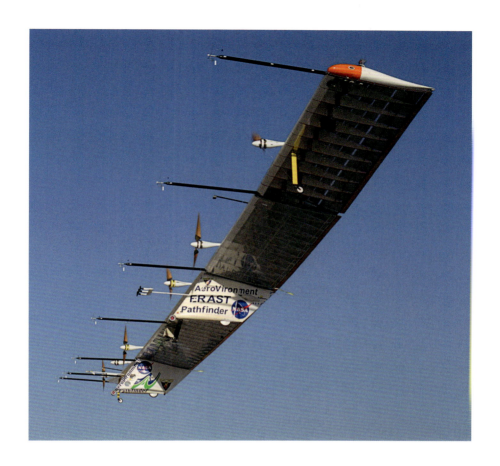

［上］パスファインダーの翼中央部に新たな部材をつけ足して、パスファインダープラス（Pathfinder Plus）はできあがった。翼が長くなりソーラーパネルも改良されたパスファインダープラスは、原型モデルと同じモーター8個の構成に戻っている。そのため動力が強力になり、それにともない最大積載量も増加した。

パスファインダーはここで、新たな活路を見出すことになった。

この元ミサイル防衛ドローンはパスファインダーと改名されて、8個の電動モーターのうち2個を降ろしたが、それ以外の変更はくわえられなかった。1997年には、プロペラ機として高高度飛行の世界記録を樹立。NASAのさまざまな実験に使われたあとに改良され、パスファインダープラスに生まれ変わった。パスファインダープラスはパスファインダーの2万1802メートルという高高度飛行記録をあっさり塗りかえ、2万4445メートルまで上昇した。

パスファインダーは軽量であまり頑丈な作りではなく、電動モーターでプロペラをまわしていた。原型モデルは電動モーター8個を積んでいた。NASAがパスファインダーを引き継いだときに2個

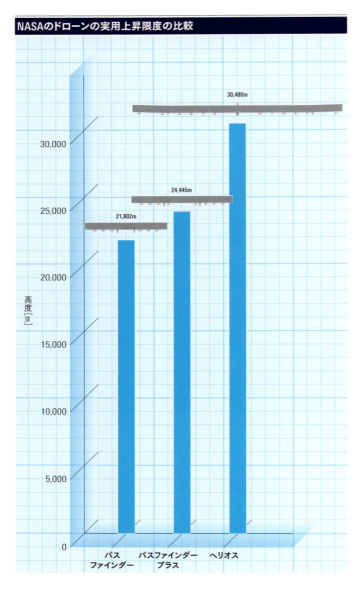

NASAのドローンの実用上昇限度の比較

スペック：パスファインダー			
全長	3.6m	動力	6×電動モーター
翼幅	29.5m	航続時間	約14〜15時間、日照がないときはバックアップのバッテリーで2〜5時間
全備重量	約252kg		
対気速度	約27〜32km/hで巡航		
上昇限度	21,802m		

NASAのドローン

NASAのドローンの翼幅の比較

- パスファインダー: 29.5m
- パスファインダープラス: 36.3m
- ヘリオス: 75.3m

翼幅[m]

スペック：パスファインダープラス

全長	3.6m	動力	8×電動モーター
翼幅	36.3m	航続時間	約14〜15時間。日照がないときはバックアップのバッテリーで2〜5時間
全備重量	約315kg		
対気速度	約27〜32km/hで巡航		
上昇限度	24,445m		

減らされたが、パスファインダープラスへのアップグレードとともに復活された。そして最終的にはセンサーを載せるスペースを作るために、ふたたび取りはずされた。モーターははじめバッテリーを電源にしていたが、1996年からは翼の上面にソーラーパネルが設置された。このドローンは、機体のほとんどを翼が占めている。その翼の下から2カ所垂直に突きでている短い部材があり、機器類を運ぶゴンドラ2個がその内側に下がっている。

　パスファインダーは、太陽光発電のドローンにできることを探り、必要なテクノロジーを調査するための実験機に他ならなかった。このようなドローンは高高度の大気観測に使われるほか、空中通信中継点としての活用法もあり、わずかなコストで通信衛星によく似た機能を果たす。このパスファインダーで培われたノウハウは、次なるコンセプトとして現れたセンチュリオンにも受けつがれている。

センチュリオンとヘリオス

　パスファインダープラスの後継機は全体的にはほぼ同じ形状の

拡張バージョンで、名称はセンチュリオンという。NASAの「環境調査機およびセンサー技術」（ERAST）計画の中で開発された。これは大気圏疑似衛星という、通信にも利用できるコンセプトの実証性を示して、技術を開発する計画である。パスファインダーをひとまわり大きくしたように見えるが、搭載能力を増強するために設計にも一部変更をくわえている。翼を延長し、モーターをパスファインダーの8個から14個に、収納ゴンドラも2個から4個に増やした。ERAST計画ではセンチュリオンを高度3万500メートル弱まで到達させて、金字塔をうち立てることを目標としていた。

　ところが試験飛行日の土壇場で発射が遅れたために、センチュリオンUAVが上昇しきる前に日が沈んでしまった。闇に包まれてしまえば、当然太陽光発電は役に立たず、しかもその時点では蓄電する手段は誕生していなかった。たしかに2万9413メートルまで上昇はしたが、手放しでは喜べない記録だった。だが、これは途方もない成果で、新記録に変わりはない。ただ計画の目標に届いていない、それだけが不満だったのだ。しかしそれでもじゅうぶん近い数字が出たため、費用のかかる2度目の挑戦はしなくてもよいと結論づけられた。

　センチュリオンの開発は、同機が2003年に大破するまで続け

[下]NASAのセンチュリオン（Centurion）は、パスファインダー、パスファインダープラス系列のUAVを革新的に前進させたモデル。全体的に同じ形状だが、翼の部材を継ぎ足して延長している。この翼にモーター14個と翼下のペイロード・ポッド4個が取りつけられている。ちなみにパスファインダープラスは、モーターが8個でポッドが2個である。

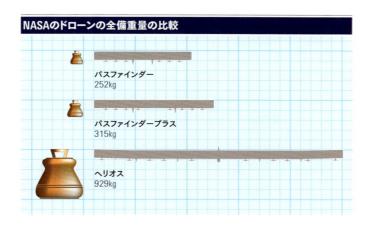

NASAのドローンの全備重量の比較

パスファインダー
252kg

パスファインダープラス
315kg

ヘリオス
929kg

スペック：ヘリオス

全長	3.66m	動力	両面受光型太陽電池。バックアップ電源はリチウム・バッテリーパック。
翼幅	75.3m		
全備重量	最大929kg		
対気速度	約31～43km/hで低高度を巡航、極高高度で最大274km/hの対地速度。	航続時間	日照に日没後蓄電池がもつ最大5時間をプラス。夜間飛行のための電気エネルギー・システムを追加した場合は、数日から数カ月
上昇限度	30,480m		

られた。この時は大気の状態が災いして、きゃしゃな機体が歪み、長い翼が振動する現象が起きた。また翼上部の気流が強すぎたために、ソーラーパネルが翼の上面から剥がれてしまった。墜落したセンチュリオンはバラバラになったが、ほとんどの部品は回収された。パスファインダープラスはそれから2年間使用されつづけ、やがて2005年に退役した。ただしセンチュリオンは最後まで、さらに情熱を傾けられた開発計画の試作品としてしか位置づけられなかった。ヘリオス（Helios）という名のその計画では、より大型の新モデルができあがりつつあった。

　ヘリオスは先行機とほぼ同じ形状で長い翼が機体の大半を占め、その左右のつなぎ目にポッドが下がっている。ヘリオスに方向舵はない。水平の向きを変えるときは、片方の翼のモーターの出力を少しだけ上げる。またこのやり方でピッチング（縦揺れ）を

[**左**]この写真から、強度と軽さの絶妙なバランスがとれているのがよくわかる。航空機の翼は飛行中に吊下している重量のために必ず折れまがるが、ヘリオス（Helios）の場合はそれが極端だ。2003年6月には、試験飛行中に乱気流に遭遇して機体が破損し、太平洋に墜落した。

抑えられる。飛行中は翼が自然に曲がり、弓なりになるので、外側のモーターは中央寄りのモーターより高い位置に来る。高い位置のモーターを加速すると機首がわずかに下がる。下のモーターを加速すると逆の効果が得られる。ヘリオスの翼の後縁にはさらに昇降舵があり、ピッチングをコントロールできる。

　目標とする高度3万480メートルはまだ超えていないので、ロケット推進でない航空機による到達高度の世界記録は、いまだにセンチュリオンが保持している。この開発計画で、超高高度UAVの製作は可能であることが示された。つまり「大気圏衛星」コンセプトには実現性があるということだ。しかもこの高度での飛行の成功は、別の重大な意味をもっている。高度3万480メートルの空気密度は、火星の大気密度とほぼ同じなのだ。ヘリオスは、小型機での火星の探索がいつの日か可能になることを示しているといえよう。

農業と生物調査のドローン

野生動物や河川の三角州の拡大の観察といった自然現象を研究している科学者は、航空写真の便利さを痛感している。実際そうして地域の画像を入手しなければ、地上で何カ月もかけて、危険を冒しながら探検するしかないこともある。野生生物はもちろん、人間の集団を避けようとするので、地上での調査はいずれにせよ、とくに優れた観察方法とはいえないだろう。

その点UAVを利用すれば、生態学者が遭遇する多くの問題が解決される。ドローンはたいてい無音に近く鳥によくまちがえられるので、臆病な野生生物の画像を地上の撮影チームよりとらえやすい。そうなると、生物は人間が周囲にいないときのありのままの姿でいるので、自然に近い個体数や生息環境、行動がフレームに収まることになる。

ドローンはまた、人が大変な苦労をしなければ到達できないような遠隔地での観察にも利用できる。同じ場所を繰りかえし撮影

[左]UAVからの航空写真。プレシジョンホーク（Precision Hawk）のようなUAVを飛ばせば、農場のどこが水不足なのか、どこの作物に病気が発生しているのかが一目瞭然になる。地上では徴候の多くが目につかずに、対策が手遅れになって大きな被害を招いてしまう。

することも可能だ。従来型の航空機でそのようなことをすれば大変な費用がかかるだろうが、ドローンならほぼ定期的に飛ばせる程度の出費に収まる。そうなると、特定地域の上空からある日のスナップ写真を1枚だけ撮るのではないため、研究者は毎月、毎週、または毎日でも撮影した写真を比較できる。

　こうしたものは気象条件の影響を通年で観察する際に、貴重な資料になる。しかも対象は、主に潤沢な資金のある科学者が注目する遠隔地にとどまらないのだ。農家など、局地的な環境に影響をおよぼし、また逆に影響を受ける産業に従事している者も、UAVで状況を継続観察できる。

　UAVはパイプラインの漏出やその周囲への影響も調査できる。人員を派遣して肉眼で観察させるのが可能だとしても、効率性ではドローンにかなわない。農家の場合も同様に、空撮で自分の土地で起こりつつある出来事の「全体像」をとらえられる。地上車でじゅうぶん見てまわれたとしても、効率性では大きく劣る。

　UAVの画像からは、水やりの状態がよく確認できる。水の足りない植物は色が変わっているので、作物が枯れる前に対応策を講じられる。ドローンを使った直接の作業もできる。たとえば自動飛行のヘリで作物に農薬を散布できる。農薬散布機を借りたり、手作業で散布したりしなくてもよいのだ。将来的には、道端の雑草に除草剤を自動的にかけて、増殖を抑えられるようにもなるだろう。そうすれば作業員が人体に有害かもしれない薬剤にさらされる度合いが減る。ただしそうするためには、無人機を送りだす前に厳重な管理をする必要がある。無人機は毒物の入ったタンクとそれを散布する手段を積んでおり、どこで誤動作が起こるともかぎらないからだ。

クロップカム

　クロップカム（CropCam）はその名が示すとおり［クロップ＝農作物］、農家のように、広大な土地の状態を上空から調べる必要がある人々のために作られた。小型のグライダーのような形をしてデジカメを搭載しており、手投げで発進する。

発進後クロップカムは1時間程度航続し、その間にじゅうぶん広い範囲を撮影する。高度が変わると実質的に画像の分解能も変化する。広域の写真を構築することも、精密な写真を連写することも可能だ。撮影する領域は飛行前に設定可能で、搭載されているGPSによる誘導で目標地域の上空を一定パターンで飛んだあと、離陸した場所に戻ってくる。この飛行パターンは何度でも繰りかえせるので、長期にわたって、あるいは毎年特定の時期に撮影することによって、時間を追った状況の把握ができる。

　従来の航空写真と同様に、衛星写真もたまには手に入る。ただし利用できるとしても、最新の画像だという保証はない。むろん、上空を通過して撮影してもらうために、地主が大金をはたくのなら別だが。ドローンを使用するメリットは、天候がもてばほぼ毎日画像データを得られる点にある。しかもコストはあまりかからない。

　クロップカムを使用すれば、作物や植物の生育状況を監視できるほか、病害や水やりの不足、動物による農業被害などの問題を早期に発見できる。このようなタイプのドローンは林業でも利

［下］クロップカム（CropCam）は、昔ながらのラジコンのようにマニュアルで操作することも、ノートパソコンであらかじめ設定した飛行経路をたどらせることもできる。このUAVは木とぶつかってもびくともせず、川の中など困難な条件で相当乱暴な着地をしても、正常に動きつづけるという。

農業と生物調査のドローン

[右]クロップカムのようなドローンは障害物を飛びこえられるが、着陸するためには高度を下げなければならない。離陸場所への自動帰還機能があるUAVの場合は、着陸の際接近する方向と、障害物の有無を確かめるとよい。このことは山林や水路の観察をするような場所では、とくに重要になる。

スペック：クロップカム			
全長	1.2m	上昇限度	122〜671mまで、国ごとの規制に適合
翼幅	2.4m		
重量	2.7kg	航続時間	55分
動力	アクサイ・ブラシレスモーター	平均速度	60km/h

用されており、漁業や水路監視での応用例も考えられる。水路の詰まりや水辺でのび放題になった植物は、陸上の植生や作物の問題と同様にすぐに発見できる。ボートを浮かべて出向かなくても、あるいは人の手が入っていない、おそらくは草木の繁茂した土地を苦労しながら抜けて、水辺まで出なくてもよいのだ。

「精密農業」というのは近年できた造語だ。最大収穫量の達成と問題への早期の対処には、低価格のドローンが急速に手に入りやすくなっていることが大きく貢献している。わずかなコストを利益が大幅に上まわるので、こうしたUAVの利用は次第に広がっていきそうだ。

マヤ

マヤ(MAJA)UAVは小型の空撮プラットフォームで、環境監視、野生生物の観察といった用途に適している。効率性重視の設計で、胴体を太く角ばった形状にして、ペイロードの収容力を最大限にしている。搭載できる重量は機体と同じ1.5キロだ。基本仕

[上]マヤ（MAJA)のような小型UAVは、機体内部のスペースを最大限確保し、ペイロードを簡単に交換できるようにして、利便性をできるだけ高めている。モジュール化されているので、破損した部品の交換にも手間取らない。作業用ドローンの場合は、こうしたことが重要になってくる。

様のペイロードは、カメラ2台とバッテリーと誘導システムである。機体全体の上半分が開くようになっており、こうした器材はそこから出し入れする。

　マヤは高翼配置の直線翼にプッシャー式のプロペラをつけており、いずれも頑丈な作りになっている。このドローンは、遠隔地で出会うありとあらゆる危険を想定して設計されている。自動着陸は可能だが障害物を検知できないので、着地時に硬い物にぶつかった場合にそなえて、ある程度の堅牢性は必要になる。

　近年ドローンは環境の保全や調査のプロジェクトで使われる機会が増えてきた。マヤは同機種にくらべるとやや値が張るが、厳しい条件でも映像を送りつづけられるという意味で、それだけの価値があることを証明している。このドローンは、スマトラの森林

でオランウータンの観察に使われている。その最中に壊れたからといって、かわりのドローンはすぐには手に入らないだろう。

　ドローンの市場が拡大していることを考えると、アフターサービス市場にマヤのようなモジュール式ドローンのアップグレード・キットが出まわっているとしても驚くにはあたらない。ウィングキットにアップグレードされたモーター、容量を増やしたバッテリーなどが、メーカーの純正品だけでなく、サードパーティからも発売されはじめている。この場合のサードパーティというのは、自社製品でない機種の部品や改良キットを作っている会社のことだ。

　ゆくゆくはドローンの市場も、自動車のアフターサービス業界やコンピューター業界など、他業種に多く見られる市場のようになっていくのかもしれない。汎用のセンサー類やコントローラーといった、豊富な種類の付属品が販売されて、性能を少しだけ上げたいと望む人や、ただ単にワンランク上を目指す主義の人の心をとらえて、活況を呈する業界になっていくのだろう。

水中ドローン

水面下では、水中に沈んだ岩や水流、潮の流れなどといった、重大な危険が待ちうけている。浅瀬でも油断できない。浅瀬にいるダイバーにとって、向かってくるボートは危険だし、野生生物も脅威となりえる。サメや巨大イカに襲われるリスクはわれわれの大半が想像するより少ないとはいえ、野生生物のおかげでダイバーがトラブルにみまわれる可能性はつねにある。好奇心旺盛な生き物はうるさくまとわりついてくるし、魚の群れが通りすぎても、視界を遮られて迫る危険を察知できなかったりするのだ。

　何より危険なのが、水中の環境そのものだ。深度が増すと水圧は急速に高まるので、専門的な器具や訓練の経験がないダイバーが、安全に活動できる水深はかなり浅くなる。また万全の準備をしても、深深度潜水では大きなリスクに立ち向かわなければならない。外洋の深さからすれば比較にならないくらい浅い深度でも油断はできない。

　海溝の底はおろか海底平原にすら人間を降ろすためには、特殊な潜水艦を建造する必要がある。そうなると莫大な費用がかか

［左］ディープドローン（Deep Drone）8000は、深度8000フィート（2848メートル）で作業ができるためにこの名称になった。潜水艦やROVにはこの深度で、約250気圧の水圧がかかっている。人間をこのレベルの圧力から守るのは、これに耐えられるドローンを作るのとくらべるとはるかに難しい。

り、大がかりな支援態勢を整えなければならなくなる。しかも潜水艦にも、性能や耐久性の限界が必ずあるのだ。

　潜水機なら、自律型無人潜水機（AUV）であろうと遠隔操作無人探査機(ROV)であろうと、人間の乗員の支援は不要になる。となると、潜水機は外部と内部とではなはだしく異なる圧力の差に耐えなくてもよくなる。つまりかなり軽量な機体になって、大破するような潰れ方さえしなければいいのだ。当然乗員の作業スペースも生命を維持するための装置も要らなくなるので、潜水艦よりは小型化できる。

ハイドロヴュー

　ハイドロヴュー(Hydroview)は遠隔操作機で、本当の意味で自律性のあるドローンではない。訓練を受けなくてもノートパソコンやタブレットでの操作が可能で、そうした電子機器の画面に撮影した映像を表示する。高価な玩具としか思われず、そのような使い方をされてもいるようだが、このタイプの小型ROVも、有益な役割を幅広くこなすことができる。

　ハイドロヴューは、中央に装置類や電子機器を収めた胴体があり、その左右に推進装置がついている。搭載カメラは動画を送ることも静止画を撮ることもできる。また趣味で楽しむだけでなく、さまざまな安全関連もしくはコスト削減を目的とする作業を遂行できる。

　ふつう水中検査は、ダイバーが潜水し体を張って行なう作業になる。そうなると訓練を受けた人間と高価な装備をそろえなければならない。船舶検査のための潜水なら場合によっては、乾ドックなどに船舶を入渠(にゅうきょ)させて水を抜いた状態にすれば検査ができるのだろうが、ひどく時間がかかるために必ずしも実施できるわけではない。ところがROVを使えば、準備に時間をかけなくても点検ができて、しかも危険をともなわない。

　ハイドロヴューは、ダイバーが入れないような狭い場所にも、あるいは障害物が多くて安全が確認できないような水域にも潜りこめる。水中での物の捜索、船底の点検、防波堤のひび割れの

［左］ハイドロヴュー（Hydroview）のような小型潜水ROVは、趣味での楽しみ方がいろいろある。魚を観察してもよいし、自分では絶対に行けそうもない場所を探索するのもよい。また「真面目な用途」も多く、ダイバーが飛びこむ前の下検分や水中の点検などで活躍している。

確認にも活躍する。発生した事態が危険であろうとなかろうと、遠隔操作無人探査機（ROV）は急な要請にすぐに応えられるのがよい。ROVをさっと水に沈めれば、プロペラに絡まっている物を確認できる。船舶の安全な航行を妨げる物が、水面の真下に潜んでいるかどうかも調査できる。

　つまり小型でシンプルなROVも、SNSで共有する面白い写真を撮るだけでなく、時間と費用を節約して安全を高められる用途がいくらでもある、ということである。現時点では直接制御する必要があるが、海底ケーブルや堤防など、通常ならダイバーが潜って確かめなければならないようなものも、自律型の水中ドローンが頻繁に日常的な点検を行なうようになる日は遠くないだろう。そうなると点検の頻度がさらに高まり、低コストで実施できるので、問題が深刻化する前に発見されるチャンスが増える。長い目で見れば大事故を防ぐことにつながるだろう。

ディープトレッカー

ディープトレッカー（Deep Trekker）は、中央に固定されたカメラを収めた胴体があり、その左右にスクリューが並んでいる。動力源は充電式バッテリーで、シンプルな携帯型コントローラーで操作される。有索式のROVで、テザーケーブルでつながれながら活動する。そのおかげで予想外の出来事やバッテリーの放電があっても、行方不明にはならない。また船舶や橋の上など高い場所からディープトレッカーを降ろす際にも、このケーブルが役立つ。

このROVは数多くの用途のために開発された。そのひとつに、ダイバーが潜る前に様子を確認させるという使い道がある。潜水チームが装具の準備をしているあいだに、ROVが入水地点の安全確認や目標の下検分をするのだ。多くの場合、ディープトレッカーだけで点検ができるので、ダイバーは潜らなくてよくなる。

商用ユーザーにとってこの能力が魅力なのは、パイプや水槽、水中の施設を点検できるからだ。また安全作業員は船舶が港を出入りするときに、ROVで船舶の下の様子を確認できるだろう。ディープトレッカーは環境監視にも利用され、養殖の現場では魚と網いけすの両方の状態を確認している。

内蔵カメラは胴体の中で動きながら撮影するので、本体ごと複雑な動かし方をしなくてもさまざまな角度で観察できる。カメラの照準点と小型の投光ライトが連動しており、そのためにかなり暗い水の中でも活動できる。ソナーや、物体をはさんで回収できるグラバー（マジックハンド）など、多様な付属品も搭載可能だ。

自律的操縦に1歩近づいているのは、深度や方向を維持するための自動制御が可能な点だ。とはいえまださまざまなセンサー類の助けを借りながら、マニュアル操縦をしなければならない段階にある。センサーには水温や水深など、外の状態を知らせるものがある。またバッテリーの残量、ピッチングやローリング、カメラの角度などを表示する、内部モニターもある。

ディープトレッカーのようなROVは水中の環境で、民間の低価格のドローンが空中で行なっていることをやっている。玩具として使われる例もあるが、多くの場合は人の役に立って、作業員のリ

[左]ディープトレッカー（Deep Trekker）のようなROVは、海底ケーブルやパイプの点検、障害物の確認など、ふつうならダイバーを必要とするような作業も行なえる。それで人間がリスクを負わなくてよくなるほか、時間と費用の節約にもなる。ドローンならダイバー・チームより短時間で水の出入りができる。

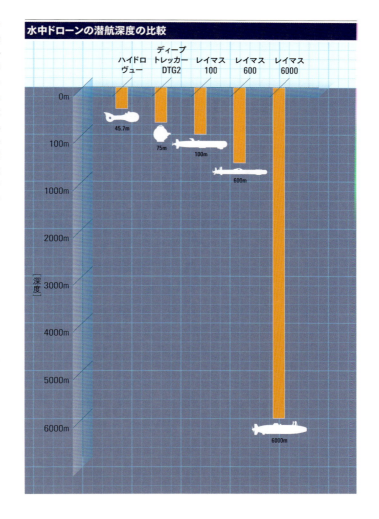

水中ドローンの潜航深度の比較

スペック：ディープトレッカー DTG2			
全長	27.9cm	空中重量	8.5kg
全幅	32.5cm	潜航深度	75〜125m
全高	25.8cm		

スクや、作業を遂行するために必要な工数を低減している。この先ますますROVの商業活動や安全対策、環境調査での用途が広がるにつれて、価格は下がり性能に磨きがかかっていくにちがいない。

第2部　非軍用ドローン

ビデオレイ

　ビデオレイ(Videoray)はミニチュア潜水艦を発展させた設計になっており、中央の耐圧船殻にペイロードが収容されている。水深300メートルまで活動できる。参考のために比較してみると、潜水指導員協会は、18～30メートルを深深度潜水としている。それよりはるかに深く潜るときは、複数の混合ガスか、人型の潜水艦ともいえる先進的な大気圧潜水服が必要になる。作業や点検のためにダイバーを深深度に潜らせるのには危険をともなうので、高度な訓練をほどこさなければならない。むろん作業によってはこうしたことが必要なこともある。だがROVを併用すれば、ダイバーの潜水回数が減り、潜水域についての事前の調査から有益な情報を得られるのだ。

　ビデオレイは後部のブラシレス・スラスター（モーター）2基で推進される。プロペラを逆回転させると本体が後退し、片方を逆回転

［下］ビデオレイ・プロ(Videoray Pro)4は多様な構成が可能で、用途に合わせたカスタマイズができる。制御装置にも、軽量な堅牢化されたタイプが用意されている。どの取りあわせが最適かは使用する環境と、どれだけ機動性が必要かで決まる。

スペック：ビデオレイ・プロ3			
全長	37.5cm	重量	6.1kg（バラスト満タン時）
全幅	28.9cm	潜航深度	305m
全高	22.3cm		

させるとその場で回転する。テザーケーブルをつけて活動し、故障があった場合はこのラインで引きあげる。テザーケーブルはまたROVが自力で持ちあげるには重すぎる物を回収するのにも用いられる。とはいってもビデオレイに装着されているグラバーではさんで、ケーブルを引きあげるだけのことなのだが。浮力の異なるさまざまなケーブルがあるので、幅広い条件に対応できる。

　水中活動でもっとも手強いのは、水面の状態、つまり波と風の影響である。潜水機より大型の潜水艦やダイバーが入水するときに、波にもみくちゃにされることもあれば、危険な水面下の流れに翻弄されることもある。難破船の捜索をするダイバーにも、どんな危険が降りかかるかわからない。小型UAVは必要になったら、母船の横から投げ降ろして潜航を開始できる。また推力重量比と推力抗力比が大きい場合は、強力な水流の中でも航行できるだろう。

　ビデオレイはカメラだけでなく、ソナーも搭載できる。ソナーには多くの使い道があり、とくに深くて暗い水の中で威力を発揮する。法執行機関は、水中に遺棄された遺体や証拠品の捜索で、港湾の保安機関や軍は、水没している危険な兵器の発見で成果をあげている。

　科学分野での利用も進んでおり、南極大陸など、とくに生身のダイバーにとって厳しい条件の水域での活躍が目立っている。ROVはその他にも、サンゴ礁の変化の映像・地図化や、科学や養殖を目的とする魚類の観察に役立てられている。実際このタイプのROVは、ダイバーの補助的役割にしろ、ROVのほうが効率よく遂行できる日常業務や点検にしろ、導入したほぼすべての産業や試験的な試みで、有用と認められているのである。

レイマス

　レイマス（REMUS）は魚雷型をした自律型無人潜水機（AUV）で、多様なペイロードを搭載する。1機だけの潜水機を指すのではなく、一部同じ部品を共有する「シリーズ」の総称である。機種ごとに異なっているのは、直径や内部の収容能力だ。最小モデルはレイマス100で、沿岸海域の深度100メートルまでの潜航を想定して作られている。最大モデルのレイマス6000は、とてつもなく深い深海での活動が可能である。

　オペレーターにとってはどのような無人潜水機でも、運用する場所まで運んで水に沈めるまでが大変だ。レイマスのシステムに含まれる発射・回収装置［オプション］は、さまざまな種類の船舶の船尾や側面に設置できる。短時間で進水できるので、輸送用の船舶をチャーターするしかない科学者や商用AUVのオペレー

［左］レイマス（REMUS）シリーズは遠隔操作無人探査機ではなく、自律型無人潜水機である。レイマス100は運搬が容易で、ふたりで運べる。同じシリーズの他のモデルにはもっと深い場所で稼働できるものもあるが、これより大型で重くなる。

[上]レイマス600は、深海での活動や、浅瀬での長時間作業に適している。レイマス・シリーズの他のモデルと同じデータ転送・誘導システムを使用しており、水中センサーは豊富な種類から選んで装備できる。

スペック：レイマス100	
直径	19cm
全長	160cm
空中重量	38.5kg
最大稼働水深	100m
航続時間	平均的な航続時間は8〜10時間。速度やセンサーの構成、稼働環境や作業計画によって異なる。

にとっては好都合だ。

　水中航行でも苦労することはある。レイマス・シリーズは、AUVと各音響変換器との距離を測ることによって、変換器を「水中GPS」のように利用している。変換器は母船の船体に搭載されて相対位置を知らせたり、活動水域に置かれて作業エリア内での絶対位置を示したりする。

　レイマスは用途の違いに応じて、カメラの他にもタイプの異なるソナーなど、豊富な装備を搭載できる。ソナーは航行に利用する他に、水中高度計（海底からの高さを示す）として使う海底マッピング、水の状態の判断、特定の物体の探索といったことが可能だ。合成開口レーダーと同じ原理で働く、合成開口ソナーも搭載できる。ただしこの場合はAUVの動きを利用して平面を走査し、徐々に

第2部　非軍用ドローン　　255

[上]AUVのレイマス・シリーズは、海軍の機雷掃討作戦で実績を積んでいる。さまざまなタイプの船舶からの投下が可能で、英海軍は無人艇からの運用を実験している。無人の母船とAUVが連携すれば、兵員をますます対機雷作戦のリスクから解放できる。

スペック：レイマス6000			
直径	66cm	最大稼働水深	6000m（4000mのタイプもあり）
全長	3.99m		
空中重量	240kg	航続時間	平均的作業で16時間

詳細な画像を構築していく。

　レイマスAUVはすでにさまざまな水中探索に活用されている。たとえば墜落した飛行機の残骸捜索や港湾の安全対策の他に、海底の調査、環境監視、水路学研究といった科学的応用例にも役立てられている。米海軍はAUVで機雷掃討を行なっている。従来のように、機雷を起爆させないような特別仕様にした船舶を、機雷がありそうな場所に送りこんで探索させるよりも、はるかに安全だからだ。

　人間は海洋を何世紀もわが物顔で航行してきたが、水中の環境でも、とくに深海については知らないことが多い。新種の生物や自然現象はつねに発見されている。また、海底資源の探索が今以上に過熱するしたがって、海底を探索できる能力はますます見直されていくだろう。しかもAUVを導入すれば、潜水艦を深

レイマスの利用例

利用例	レイマス100	レイマス600	レイマス6000
▶オフショア（石油・ガス）			
基本的環境アセスメント	●		
地質調査			
パイプラインの調査	●		
瓦礫とその撤去後の調査	●		
▶環境監視			
緊急対応	●	●	●
水質調査	●	●	●
生態系評価	●	●	●
▶水路測量			
路線測量	●	●	
深海採鉱			●
海底地図作製	●	●	
排他的経済水域の調査		●	●
浚渫（しゅんせつ）前後の調査	●	●	
▶捜索と回収			
文化財の位置特定	●	●	●
海洋考古学	●	●	●

海に送るより低コスト、低リスクで実施できるのだ。これから数年間で運用例と使用できる装備品の種類は、爆発的に増えていきそうだ。

無人実験機

航空学というのは、実験をするのも命がけの分野だ。たしかに地上の車輌も衝突し、船舶も沈没するが、高高度の高速飛行中にシステム障害や制御不能が起こったら、生存できる望みは薄いだろう。それにくわえて、テストの多くは縮小模型と風洞で行なえるにしても、いったん飛行実験が始まると、飛ぶためにはどうしてもスピードを出さざるをえず、そのために地上から大きく離れることになる。実験機で問題が生じると悲劇的な結果になりがちなのはそのためである。テストパイロットが特別に尊敬されているのは、そういったリスクを負うからだ。

　かつては無人機のテストでも、問題を解決してテストの安全を図るために、パイロットを搭乗させて飛ばしたこともあった。ドイツのV1飛行爆弾などは、試射中に深刻な問題を生じたので、終いには調査のために、間に合わせの誘導ステーションを作ってテストパイロットを搭乗させた。そのおかげでV1の挙動と操縦不能になる原因を示す生のデータが得られたので、パイロットが提案した適切な方法で問題は修復された。

　可能な場合は、逆の取り組みも実施されている。無人機を用

［左］フィゼラーFi 103Rは、V1飛行爆弾の有人バージョンだった。開発コードネームのライヒェンベルクのほうがよく知られている。理論上は、標的に接近する最終段階でパイロットがパラシュートで緊急脱出するチャンスはあったが、生き残れる望みは薄かった。

［上］ベル社のX-1実験機が1947年に音速を超えた初の航空機となったときは、有人機を使用する以外の選択肢はなかった。今日はそのかわりとなる無人研究機がある。新コンセプト機の危険な初飛行ではとくに、遷音速特性がどうなるかは正確にはわからない。

いて、実験段階の開発機の飛行特性や飛行関連の現象を調査するのである。こうした中でとくに危険をともなうのが「音の壁」[音速に達するギリギリの速度]の辺りだが、この速度は高度や気温によって異なってくる［音速は低温の高高度では遅くなる］。音は気体分子の相互作用により、一定の速度で空気中を伝わる。つまり音速は、気体分子の動きをつかさどる物理法則によって定まっているのだ。

　航空機が音の自然の最高速度よりも速いスピードで空気中を突き進もうとすると、気流と関連する現象は猛烈に激しくなる。空気はつねに航空機の翼と胴体によって押しのけられている。ところが音速に近づくにつれて機体や操縦翼面の上を通過する気流に変化が表れる。そのため機体の構造にとてつもない負荷がかかって振動が起こり、操縦桿がいうことを効かなくなることすらある。遷音速領域では、急激な温度の上昇も飛行に重大な影響をあたえる。

　音速に達すると航空機は振動しはじめ、空気が突然粘性を増してくる。そのため重要な部品である操縦翼面どころか翼までもがもぎ取られたりする。極端な例では、崖と正面衝突するような衝撃を受ける。このような現象が発生するのであれば、乗員か

乗っているときに起こらないのに越したことはない。こうした理由から無人機は、高速空気力学の研究においてますます重要性を帯びているのだ。

X–51「ウェーヴライダー（Wave Rider）」UAVは、極超音速飛行の実験機である。動力として採用しているスクラムジェット（超音速ラムジェット）は、極超音速で動作する「吸気」ジェット・エンジンである。機体を超音速に加速する出力を生むために、エンジンが必要とする大量の酸素は、空気をエンジンに流入させることによって得られる。スクラムジェット機が飛行するスピードを考えると「衝突」した空気が入っている（「ラムジェット」の名称の由来）といえるが、実際には、航空機が空気の占めるスペースに突っこんでいるのである。

空気の吸気管を狭めて、空気をエンジンの速度と対応する音速に保って圧縮すれば、一定の体積内の酸素含有量が増加する。これで、高カロリーのJP–7ジェット燃料の燃焼が助けられる。JP–7はもともとSR–71「ブラックバード」超音速偵察機のために開発された燃料だ。燃焼に大量の酸素を必要とするため、通常の大気の状態ではタバコを浸すと、火は消えてしまう。

スクラムジェット・エンジンは平均でマッハ4.5（音速の4.5倍）以上

［左］X–51は本物の航空機ではなく技術実証機で、B–52爆撃機の翼に吊下して運ばれる。極超音速の飛行特性を調査するために開発された。そうして得られた知識は高速打撃兵器（HSSW）のような兵器や、おそらくは他の極超音速機の開発計画に取りいれられるだろう。

[右]ウェーヴライダー（WaveRider）とも呼ばれるX–51は、極超音速飛行の調査をするために開発された。極超音速では圧縮加熱のために通常の航空機の部品はもたなくなるので、新たな材料を開発する必要がある。このような条件での航空機の挙動は、亜音速や遷音速の飛行特性とはまったく違ってくる。

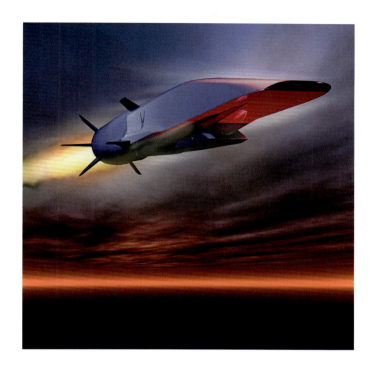

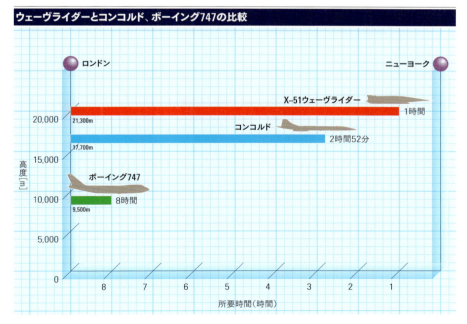

ウェーヴライダーとコンコルド、ボーイング747の比較

- X–51ウェーヴライダー　21,300m　1時間
- コンコルド　17,700m　2時間52分
- ボーイング747　9,500m　8時間

第2部　非軍用ドローン　　　　271

スペック：X-51ウェーヴライダー

全長	4.3m（ブースター・ロケットを含めて7.62m）	最高速度	5,794km/h以上
		航続距離	740km
空虚重量	1,814kg	実用上昇限度	21,300m

という、超音速でしか動作しない。ウェーヴライダーUAVはこの速度に達するために、まずは母機で運ばれ投下されたあとに、ロケット推進で急加速する。ブースターはすぐに燃えつきて切り離され、じゅうぶん加速されたウェーヴライダーは自分のスクラムジェット推進で飛びつづける。

　大半の航空機は、揚力を翼面上下の空気流速の違いから得ているが、従来型の翼はこのような超高速飛行には適さない。構造に破損が発生するか、大きすぎる抗力を生じて超高速に達するのが難しくなるだろう。その点ウェーヴライダーは、空気を通過する際に生じる衝撃波に「乗る」ことによって滞空しつづける。それが名前の由来でもある。小さな操縦翼面は、安定性と方向の確定のためにつけられている。

　2010年の処女飛行ではマッハ5に達した。ゆくゆくはマッハ7以上で飛べるものと期待されている。このUAVは空気力学の最前線にある。宇宙船は、これ以上の速度で地球の大気に突入したりもするが、吸気する航空機の持続的な動力飛行という点では、まさに実験は緒についたばかりの領域にあるといえよう。

　極超音速機を作るのに要する技術はまだ新しい。開発が必要とされるのは推進システムだけではない。極超音速飛行から生じた高熱に耐えられる金属を作り、それを使って組みたてる技術も考案していかねばならない。誘導技術も開発して、極限状態の空気の挙動について得られた知識に照らしながら、改良していく必要がある。

　こうした知識は、危険な実験を通してでしか手に入らない。ウェーヴライダーUAVはすでにテスト飛行で墜落している。このような極限状態ではちょっとした不具合でもすぐに失敗につながる。それでも得られた知識には、さまざまな使い道がある。軍は超高速運動エネルギー利用兵器の開発に関心を寄せている。これは

迎撃がほぼ不可能なほど高速のミサイルで、弾頭ではなく質量と速度による破壊力で攻撃する。マッハ6を超える衝撃は、標的に凄まじいエネルギーをもたらすので、地面やコンクリートを深く貫通する。掩蔽壕に対しても有効になるだろう。

　これまでもときおり、極超音速旅客機が取り沙汰されることはあった。その定期便が就航すれば、大陸間の飛行時間は劇的に短縮される。商業ベースに乗せるためには、運用されている状態でこのテクノロジーが100パーセント近い安全性を示す必要がある。今はまだその段階からほど遠いところにあるが、極超音速実験機を草分けとして、いつかは商業的に実現可能なテクノロジーに発展する望みはある。そこにいたるまでは、パイロットが搭乗しない実験により、確実に多くの命が救われることだろう。

宇宙のドローン

大気圏外には、想像を絶する危険な環境がある。宇宙船は地球の陰に入れば真空の極低温に、影から出れば太陽熱の高温にさらされる。実際、直射日光を受けているときは、同じ宇宙船の太陽側と陰とでは途方もない温度差が生じるだろう。太陽放射線もまたきわめて危険で、キャノピーなどに穴を開けて減圧を生じさせるおそれもある。作業を遠隔操作できて、とくに人間が宇宙空間に出なくてもよいなら、宇宙飛行士のリスクは低減する。

極微重力の環境に長くいると人体に悪影響が出る。短期の宇宙ミッションでさえ、深刻な生理作用が起こることもある。無重力のために、重い「宇宙酔い」にかかる宇宙飛行士もいるが、実際に宇宙に行ってみないことには、ひどい症状になるかどうかはわからない。そのうえ再突入には危険がともなう。宇宙船の推進システムが爆発すれば、機体も搭乗者も木端微塵になってしまう。

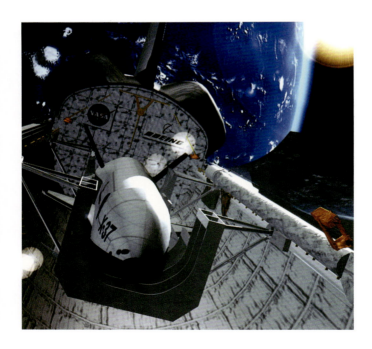

［左］技術実証機のX–37Bは、次世代の宇宙船で使われるテクノロジーを開発・テストするために設計された。母船によって空中発射されるが、ミッション終了後には地球に自律的に戻ってくる。

それなら無人機を最大限活用することに、論理の飛躍はないだろう。有人機の発射には、必ず人命がかかっている。無人機に事故があれば莫大な損失になるだろうが、少なくともそれほどの悲劇にはならない。人間には空気や食糧、水、冷暖房システム、動きまわる空間が必要だ。ところが無人機なら小型化・軽量化も、あるいは同じ揚荷能力でのペイロードの追加も可能というメリットもある。

　したがって宇宙ステーションで滞在や実験をする英雄を宇宙に打ちあげれば、大きな興奮と感動を呼ぶとしても、できるかぎり無人機を利用することには合理性がある。中には人間にしかできない作業もあるだろう。だが補給ロケットにまで乗員を搭乗させる必要はないはずなのだ。

X–37B

　宇宙へ打ちあげられるロケットは、たいてい1回かぎりの使用になる。ロケットの各段は燃料を使いはたすと切り離され、残ったエンジンによって推進される重量が減少する。発射されたロケット全体のうち、軌道に到達するのはごく一部だけで、それも通常は再利用できない。そのため軌道に乗せたいものがあればそのたびに、発射システムの費用が100パーセントかかることになる。

　再利用可能なスペースプレーンなら、何度も発射できるのでコストが削減される。そこに開発費が上乗せされるが、トータル的には、再利用できる機体は同じ予算で多くのミッションをこなせるはずである。スペースシャトルは最初に再利用を可能にした宇宙船だったが、その導入後も費用対効果の高い宇宙船発射システム製造を目的として、数多くのプロジェクトが立ちあげられている。

　そのひとつにX–37がある。この軌道試験機は従来型のロケットと同じく垂直に発射されるが、地上に着陸するときは滑空飛行する。完全自動型の「スペースプレーン」で、1999年に開発が始まり、2006年に初飛行した。この時は宇宙に飛びだしたわけではないが、X–37の飛行特性の確認と自動操縦システムの検討評価が行なわれた。

[左]X–37Bは現在アトラス（Atlas）Vのような使い捨て型ロケットによって打ちあげられているが、いずれは自律型の再利用可能なスペースプレーンを作る予定だ。そうなれば軌道までペイロードを低コストで安全に届けられる。乗員を乗せて、生命維持に必要な諸々の装備や物資を運ぶ必要もない。

　テスト飛行のすべてが順調だったわけではない。初飛行の日程は悪天候とハードウェアの問題のために延期になり、母機から無事切り離されたときも、着陸時には機体を破損した。だが2010年に最初の宇宙ミッションをこなしたあとは、危なげない着陸を披露している。これまでのミッションは長期にわたり、3回の打ちあげで飛行日数はのべ1360日を超えている。宇宙飛行士が軌道をまわるとしたら異様に長い期間だろう。この軌道試験機が

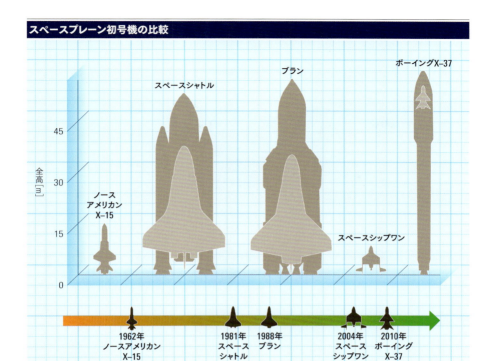

スペースプレーン初号機の比較

これほどまでに時間をかけて宇宙で行なっているミッションについては、極秘事項になっていて正確なところはわからない。ただその名に忠実に、センサーなどの装置類の実験台になっている可能性が高い。完全自動型のスペースプレーンは誕生間もないテクノロジーなので、まだ多くの試行錯誤があるのはまちがいない。

X–37はもともと、スペースシャトルのペイロード格納室で運んで空中発射する予定だったが、従来型のロケットでの発射のほうが、費用対効果が高いことがわかった。X–37Aは空中投下試験に利用され、その派生型のX–37Bは宇宙での運用が可能になった。

X–37の大型化バージョンはX–37Cと命名されて、現在開発が進んでいる。このモデルは宇宙飛行士のチームを与圧貨物室に乗せられるが、自律飛行も可能になる予定だ。そうなれば宇宙飛行士が同乗しなくても、科学者チームを軌道に届けられるよ

スペック：X-37B			
全長	8.9m	動力	1×エアロジェットAR2-3ロケットエンジン（ヒドラジン）、29.3kN
翼幅	4.5m		
全高	2.9m		
載荷重量	4,990kg	軌道速度	28,044km/h
		軌道上滞在期間	270日

［上］X–37は長期の宇宙ミッションをこなしたあと、極超音速から比較的狭い着陸地帯に着地するという離れ技をやってのけた。超高高度からの墜落もありえる物体を扱うときには、何よりも安全が第一になる。

うになる。そのため同じ重量を打ちあげるにしても、より多くの器具や器材、科学的専門知識の持ち主を乗せられるようになるだろう。

　このモデルはスパイ活動、あるいは武器の発射台としても使われるのではないかと疑われている。その可能性は否定できないが、そうした疑惑はすべてのスペース・ローンチ・システム［スペースシャトルの大型化バージョン］にあてはまる。X–37システムはむしろ、低コストの軌道発射システムを実用化できる可能性を示して、宇宙での商用運用の道を開いていくと思われる。

宇宙ステーション補給機

　国際宇宙ステーション（ISS）の製造コストはすでに莫大な額になっているが、運用維持費はそれを上まわっている。宇宙ステーションには定期的に補給物資を送る必要があるし、軌道への打ちあげは毎回高額な費用が発生している。スペースシャトルのミッションは、宇宙ステーションに補給物資を輸送する方法としては、

従来型ロケットを使用する場合よりいくぶん安くすんだが、シャトル計画が打ちきられたためにその選択肢はなくなった。

　完全自動型の補給ドローンなら、コストダウンの一方策になる。飛行士を軌道まで打ちあげなくてもよく、そのために空気や水といった、飛行士自身がその間に必要とする物資と、飛行士の体重分必要な燃料をすべて省けるからだ。とはいえ、このような機体の開発にまつわる課題は決して小さくない。ドッキング時には、ちょっとしたミスから宇宙ステーションと衝突するかもしれない。大破させないにしても、結果として大惨事になるおそれもある。ISSを少し押しのけて位置をずれさせただけでも、太陽光発電が

［下］国際宇宙ステーションの物資補給を自動化すれば、毎回輸送できる物資が増える。宇宙にまで配送する要員を養成しなくてもよくなる。すると今度は、日常的な補給運航に費やされる宇宙関連の費用がカットされ、本筋のミッションに予算をかけられるようになるのだ。

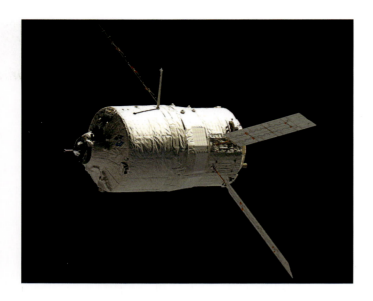

［左］欧州補給機（Automated Transfer Vehicle）の国際宇宙ステーションへの初号機は、SF作家のジュール・ヴェルヌの名を冠したうえで、ヴェルヌの小説の貴重な直筆原稿2篇とともに打ちあげられた。歴史的価値のある原稿を危険にさらすというのは、他ならぬ自信の表れだが、ついこの間までは空想科学小説に出てくるような設定だった。

困難になったり、軌道が変わって修正しにくくなったりするのだ。

　これまでも数機の自動輸送機がISSへ補給物資を運んでいる。ロシアのプログレス補給船は、有人宇宙ステーションの補給専用に開発され、ISSへの輸送にも活躍していた。打ちあげ時には無人だが、宇宙ステーションとのドッキング後は飛行士が前部の与圧室に入れるために、よく有人機に分類される。

　プログレスはすでに引退しており、別の自動「宇宙貨物船」がそのかわりを務めている。欧州宇宙機関の欧州補給機（ATV）もそのひとつだ。ATVはプログレス補給船のドッキングポートを利用するが、3倍の貨物を輸送できる。プログレスと同様与圧貨物室があるので、宇宙飛行士は厄介でかさばる宇宙服を着用しなくても、カプセルの荷物を移動できる。ATVはそれ以外にも、必要に応じて宇宙ステーションをブーストして軌道高度を上げる役割を果たしている。

　ATVはGPS誘導と恒星センサーを併用して宇宙ステーションまでたどり着き、自動ドッキングする。非常事態には飛行士が接近の中止を命じて、衝突回避プロトコルを開始できる。ドッキングが成功したあとは、このカプセルは時折り軌道修正用のブース

ターとして利用され、ゴミの保管場所となる。ゴミが満杯になると切り離されて軌道を離脱し、大気圏に突入して燃えつきる。

日本の宇宙ステーション補給機「こうのとり」と、国家機関でなくアメリカの民間請負業者によって製造されたドラゴン、シグナスといった商業補給機は、ATVとは若干異なるドッキングの手順を踏んでいる。補給機は中間地点(ウェイポイント)をたどりながら、自動的・自律的に航行するが、宇宙ステーションの飛行士の許可なしにはドッキングできない。

こうした「宇宙貨物船」の運用が始まってもう何年にもなる。自動化された宇宙船が当然のごとく配備されるまではしばらくかかるだろうが、このコンセプトが実用可能であることは証明されている。宇宙の商用利用が拡大するにつれて、就航する「宇宙のドローン」の数もますます増えそうだ。そうなると新しい略語も必要になる。Unmanned Space Vehicle(無人宇宙機)の略のUSV、Unmanned Orbital Vehicle(無人軌道周回機)のUOVといったところか。一方、UAVという呼び方は大気圏内での運用の含みがあるので、宇宙で運用するドローンにはふさわしくないかもしれない。

[右]日本の宇宙ステーション補給機「こうのとり」は、ヨーロッパの欧州補給機と同様の役割を果たす。自動化された宇宙トラックというコンセプトの実用性はじゅうぶん証明されたので、さまざまなモデルが登場しつつある。宇宙での無人活動に新時代が訪れたようである。

未来の展望

つい最近まで、ドローンの運用を広範な規模で実現するのは難しかった。ところが今は、そのためのテクノロジーが手頃な価格で手に入るようになっている。あとは発展しうる産業を生みだせるほどドローンに有益性を見出せるか、というたったひとつの疑問が残る。多様な部門の相応の数のユーザーが、何らかのドローンを日常的に使いはじめれば、量産体制が整い利益を出しつづけられるようになるため、それは実現する。だがそんなことが本当に起こるのだろうか？

　この疑問に対する答えは、文句なしの「イエス」だ。ドローンには軍事から科学、娯楽にいたるまで、幅広い必要性に応えるモデルがそろっている。スタートはあまり華々しくなかったものの、ドローンは次第にすぐれた性能を備えるようになってきて、用途によっては有人機をしのぐほどになっている。

　40年以上前にも、有人の戦闘用航空機には未来がない、という論調はあった。誘導ミサイルと無人機が、パイロットを過去の遺物にすると考えられたのだ。当時はそれを実現するテクノロジー

［左］1970年代から有人戦闘機はドローンやミサイルに押されてなくなっていくだろうと予測されていたが、しばらくのあいだはパイロットの操縦する航空機にドローンがかなう見込みはない。そうなるとF–22ラプターのような先進的な有人戦闘機や、おそらくは次世代の戦闘用航空機は確実に存続することになる。

はなかったが、今は違う。それでもなお自律型の戦闘用航空機は、運用上あるいは倫理的に賞賛できる着想とはいい切れない。ハードウェアにもソフトウェアにも、バグのひとつやふたつはあるのだから、武装ロボット機を送りだすという見識も怪しまれる。またそれとは別に、戦闘行為のあらゆる面で機械が本当に人間をしのげるかは、今の時点では未知数なのだ。

商用航空交通

　商用航空交通の領域になると、事情はいくぶん変わってくるだろう。どんな変化であれ疑いの目で見られるのが常で、人々が完全自律型の航空機にすすんで身の安全を任せるようになるまでは、時間がかかると思われる。たとえ人間のパイロットより、操縦にまちがいがないところを見せたとしても、である。ある都市では自律型の公共輸送機関を導入するにあたって、人間のドライバーの画像を使用したところ市民が安心感を覚えたという。人間の心理について多くを物語るエピソードである。

　とはいうものの、いったん部分的にも受けいれられると、当初は突飛に思えたコンセプトもたいてい当たり前になっていく。自律型の旅客機がひろく受けいれられる日もきっと来るだろう。もしそうなるとしたら、小さな段階を少しずつ経てからだ。最初はおそらくロボット宅配機で、商用貨物輸送かおそらくは遠隔地への自律型補給機に進んでゆくだろう。こうした分野では、ドローンはコスト削減ばかりか、ことによるとリスクの低減にも貢献する。たとえば石油プラットフォームや北極、南極圏の観測基地に自律的な配送を行なうような場合である。

厳しい環境

　自動化されたドローンはまた、気の遠くなるような遠隔地や厳しい環境での探査に可能性を開いている。月だけでなく火星でも実験と限定的な探査を行なっているのは、どちらかというと基本的なモデルだ。高性能なドローンなら、危険や失敗にいくぶん効果的な対処ができるかもしれないが、このような長期ミッションで

［左］火星探査ローヴァー「キュリオシティ（Curiosity）」のような無人機の着陸には、現在のドローン・テクノロジーの粋が集まっている。無人機をはるか彼方の火星まで送りこんだのも素晴らしい功績だが、目標地点から2.5キロ以内に着陸させたのは神業に近い。以来キュリオシティは新たな環境についての大量のデータを送りかえしている。

何よりも問題になるのは、回路構成の複雑さではなく、電源の供給に関連することだからだ。

かなりの近未来に、無人探査機「マーズフライヤー」が、火星の軌道から大気中に投下されたり、火星上に設置された発射台から打ちあげられたりすることもあるだろう。NASAの実験では、確認されている火星の大気のように希薄なガスの中でも、高高度ドローンの飛行が可能であるのがわかっている。重力が小さく地球と同じような大気密度であることを考えると、飛行探査プラットフォームの実現は可能性が高いように思える。

遠隔操作機は海底の他にも、熱水噴出孔や深い水中洞、火山、流氷の吹きだまりの下といった危険な環境の探査も、すべて可能である。場所によっては、制御信号を受信できなくなり、データを送りかえせなくなることもあるだろう。そうした場合は「相棒（バディ）」システムを使う。探査用ドローンにデータ・ドローンがついて行き、送られてきたデータを順次受信するのだ。探査ドローンが何らかの危険に巻きこまれて破損または大破するなどして、送信が途絶えたときは、データ・ドローンが引きかえして、探査の成果をオペレーターに中継する。

ドローン・テクノロジーはわれわれが許せると思えるところまでは進み、そこで留まるのかもしれない。武装ドローンの是非についてはすでに倫理的疑問が呈されている。航空機の制御を完全に機械任せにすることも、同様に問題視されている。われわれは先端技術のために、他の問題に向きあうことを余儀なくされているのだ。

安全性の問題

低コストのドローンがレジャーのアイテムとして手に入るようになって、安全面での不安が高まっている。とんでもない常識外れの人間というのはいるので、安全な運用の訓練をしなければ（あるいは訓練を受けたとしても）、ドローンを不適切以外の何物でもない場所で飛ばす輩は出てくるだろう。高速で飛行する物体が制御不能に陥ったり、無責任に操縦されたりすれば、近くにいる人間

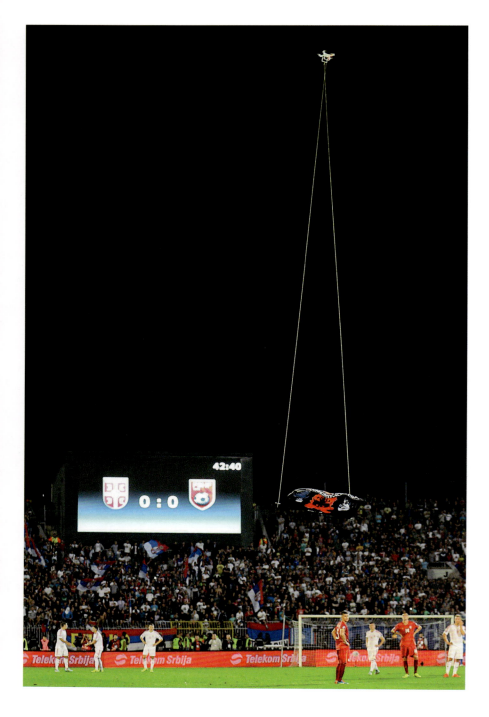

未来の展望

[右] ドローンの悪用は深刻な問題になりえる。街路など「公共の空間」でホバリングしているUAVは、窓の奥や垣根越しにピントを合わせて、不適切な画像を撮ることができる。こうした盗撮を防止する法律を作るのは可能だとしても、紆余曲折が予想される。

[左] 2014年10月、ベオグラード（セルビア）のスタディオン・パルチザーナで行なわれたセルビア対アルバニアのサッカー試合では、ドローンが大アルバニアの旗をつけてピッチの上を飛びまわったために、乱闘騒ぎになった。セルビアのディフェンダー、ステファン・ミトロヴィチがドローンの旗を引きずりおろすと、選手、スタンドの観客ともに入り乱れて、没収試合になった。

に何らかの危害がおよぶ。ドライバーや高所など危険な場所で働く人が、ドローンのおかげで注意散漫になることも、迷惑をこうむることもありえる。

　また、ドローンが運行中の電車の正面や制限空域に飛ばされる可能性もある。後者の場合は航空機にとって冗談ではすまされない事態になる。航空機の運航が取りやめになることすらあるのだ。ドローンの悪用に刑事処分を課せば、ある程度抑止力になるかもしれないが、ただ何も考えていないオペレーターもいる。あるいは自分の主張を訴えるために嫌がらせの手段としてドローンを使う者もいるだろう。個人的に快く思っていないことへの比較的穏やかな抗議であれ、テロ行為の一環であれ、悪用される可能性は今すぐにでもあるのだ。

プライバシーの問題

　ドローンの多くはカメラを搭載しているので、プライバシーと安全性の問題がもち上がる。たった1枚の写真で将来が台無しになることもあるのだ。不法行為に従事する者に同情の余地はないかもしれないが、家庭やひっそりと過ごす休日のプライバシーを望むのは至極当然である。無節操なカメラマンはカメラ搭載ドロー

ンで、人に見られていないと安心している人の「ありのまま」の姿を盗撮できる。そのような写真の需要があるのだから、悪用は起こるべくして起こる。

　ドローンはまた、家庭内または近隣との揉め事では嫌がらせやスパイ行為に、あるいは犯罪のための情報収集にも使えるだろう。ドローン使用に免許は要らずほぼ自由に購入できるので、こういった使用の抑止になるものは皆無に等しく、法的に阻止する手立てはない。

　ドローンの悪用は、自分の家の庭の上空は誰のものか、といった議論も含めて、今後数年間法廷で裁かれることになりそうだ。旅客機やときたま通りすぎる警察のヘリなら、あまり心配はない。だが2階の窓の高さで、ドローンがホバリングしているなら話は別だ。目の前でホバリングしてわざと嫌がらせをしてくるドローンに、1発食らわせたら、法に触れるだろうか？

［下］責任をもってドローンを使用するオペレーターなら、ほぼ確実に害はないが、マナーや思慮に問題のある者は、深刻な危害をもたらすだろう。車や電車の正面にドローンを突っこませたら、大きな被害が出るおそれがある。また今人気のマルチコプターも、回転する羽根が、誤って人に当たれば、ケガをさせることもあるだろう。

未来の展望

ドローンがますます入手しやすくなり、これまで以上にひろく使用されるようになると、否応なく法的問題がもち上がるだろう。予想可能なケースの場合は、事前に少なくとも一般的な対策を考えることはできる。それ以外はまったく想像を超えるものになると思われる。革新的なテクノロジーと新しい能力というのはそういうものだ。唯一確実にいえるのは、ドローンが有益であるのがわかり、必要なテクノロジーはそろっているということだ。他の分野ではこうした条件が整うと、成長と発展のスピードが加速して、多くの場合予想もつかない方向に進んでゆく。

用語解説

ATV［Automated Transfer Vehicle］　欧州補給機

AUV［Autonomous Underwater Vehicle］　自律型無人潜水機

航空電子装置（アビオニクス）　航空機の、通常はコックピットにある電子機器の総称。UAVの場合は、機首のブリスター［透明な丸窓］内に格納されている。

CALCM［Conventional Air-Launched Cruise Missile］　通常弾頭型巡航ミサイル

COMINT［Communications Intelligence］　通信情報

COTS［Commercial-Off-The-Shelf］　民生品利用

EOD［Explosive Ordnance Disposal］　爆発物処理

固定翼機　揚力を固定翼で発生させる従来型の航空機。回転翼機はそれとは対照的に、回転翼であるローターを水平にまわして揚力を得る。ローターは1個の場合も、複数の場合もある。

FLIR［Forward-Looking Infrared］　前方監視赤外線装置。熱を感知する装置で、前方の進路を走査して、車輌のエンジンなど物体の温度を検知する。

FPV［First Person View］　一人称視点

ジンバル　ドローンの付属品。搭載される装置（主にカメラ）を収納して、水平で安定した位置を保つ。

GPS［Global Positioning System］　全地球測位システム。航法衛星によって現在位置を測位するシステム。

ジャイロスコープ　空中でUAVの飛行バランスを保つ装置。

HALE［High-Altitude Long-Endurance］　高高度長時間滞空型

HAPS programme［High Altitude Pseudo-Satellite programme］　高高度疑似衛星計画

HARM［Homing Anti-Radiation Missile］　高速対電波源ミサイル

HMMMV［High Mobility Multipurpose Military Vehicle］　ハンヴィー（高機動多目的装輪車輌）

IDF［Israel Defence Forces］　イスラエル国防軍

IED［Improvised Explosive Device］　手製爆弾

ISTAR［Intelligence, Surveillance, Target Acquisition, Reconnaissance］　情報・監視・目標捕捉および偵察

レーザー測距器　レーザー光線を使って対象までの距離を測定する測距器。

LIDAR［Laser Imaging Detection and Ranging］　ライダー（レーザー画像検出と測距）

LPI［Low-probability-of-intercept radar equipment］　低捕捉性レーダー装置

MALE［Medium Altitude Long-Endurance］　中高度長時間滞空型

最大離陸重量　航空機が設計上または運用上の制限により、離陸できる最大限の重量。

MOUT［Military Operations in Urban Terrain］　市街戦

MP-RTIP［Multi-platform radar technology insertion programme］　マルチプラットフォーム・レーダー技術挿入プログラム

MUM-T［Manned-Unmanned Teaming］　有人機・無人機共同作戦

飛行禁止区域　政府による規制で、ドローンの飛行が禁止されている区域。一般航空機の航行の妨

げになったり、機密情報を収集できたりする場所では、ドローンの飛行がほぼ禁止されている。

PARM〔Persistent Anti-Radiation Missile〕　持続的対レーダー・ミサイル

ペイロード　旅客や貨物の重量、または積荷や観測機器、乗員を指す。

クワッドコプター　ローター4個で推進される航空機。

RAPTOR〔Responsive Aircraft Program for Theater Operations〕　ラプター(戦域作戦用航空機)

RATO〔Rocket Assisted takeoff booster〕　ラトー(ロケット補助推進離陸)ブースター

偵察　味方の軍が占拠している領域を出て調査すること。一定の範囲で地形や敵の所在についての重要情報を収集して、後に分析・伝達する。

ROV〔Remotely Operated Vehicle〕　遠隔操作無人探査機

SAM〔Surface-to-air missile〕　地対空ミサイル

SAR〔Synthetic Aperture Radar〕　合成開口レーダー

SATCOM〔Satellite Communications〕　衛星通信

SCUD　スカッド・ミサイル。冷戦中にソヴィエト連邦が配備していた、戦術弾道ミサイル。派生型を含めた名称。

SEAD〔Suppression of Enemy Air Defences〕　敵防空網制圧

実用上昇限度　航空機の上昇率が1分間に30メートルになる高度。高高度になるほど上昇率は低下する。実用に適する高度の限界。

SIGINT〔Signals Intelligence〕　シギント(信号情報)

SOCOM〔Special Operations Command〕　特殊作戦軍（ソーコム）

ソナー　音波の伝播を利用して(通常は潜水艦のように水中で)航行、通信、水中の物体の探知を行う装置。船舶のような水上の対象物の探知も可能。正式名称は「Sound Navigation And Ranging」。

ステルス技術　レーダー・シグネチャを低減するために、戦闘機などの航空機に実装する技術。

戦車狩り　精密誘導兵器で、火砲や装甲兵員輸送車、戦車などの標的を空爆すること。

TERCOM〔Terrain Contour Matching〕　ターコム(地形等高線照合)

赤外線画像装置(カメラ)　航空機または戦闘車輌に装備されている装置で、たいてい望遠鏡とセットになっており、戦場の物体から放射される赤外線エネルギーを集めて増幅する。複数の熱感知器で対象域を走査し、感知器から戻ってきた信号を処理して「赤外線画像」をテレビのモニターに映したすメカニズム全体を指す。

UAV〔Unmanned Aerial Vehicle〕　無人(航空)機

UCLASS programme、Unmanned Carrier-Launched Airborne Surveillance and Strike programme　無人艦載空中偵察攻撃機計画

超音波センサー　音波を利用して物体を検出する装置。

VHF〔Very High Frequency〕　超短波

VTOL〔Vertical Takeoff and Landing〕　垂直離着陸

中間地点（ウエイポイント）　物理的空間に設けられた通過地点で、航空機の航行の目安になる。

用語解説

索引

4次元の戦闘空間　050, 060

A

A-26インベーダー爆撃機　153
A-160ハミングバード　190, 191, 192
AE3700　008
AGM-86　225, 228, 229, 230, 231
AGM-86 ALCM　225
AGM-86C　229, 230
AGM-86Dモデル　230
AGM-86 通常弾頭型巡航ミサイル（CALCM）　228
AGM-114ヘルファイア・ミサイル　088, 114
AGM-136タシットレインボウ　230, 231
AGM-176グリフィン・ミサイル　089
AH-64Eアパッチ攻撃ヘリ　120
AIM-9H　017
AIM-9サイドワインダー　017, 091, 094
AN/DVS-1　187
APID-55　032, 191, 192, 193
APID-55系　191
APID-55小型回転翼UAV　191
APID-60　192, 193
AV-8BハリアーII攻撃機　129

B

B-2スピリット　134
B-52　225, 228, 229, 230, 270

C

C-130　104, 153, 154

D

E

EADS（エアバス・グループ）　039
EO・IRセンサー　143

F

F-16戦闘機　062
F-22ラプター　282
F-35B戦闘機　129
F137　008, 009, 145
FLIR　033, 035, 290
FPV（一人称視点）　009, 010, 027, 028, 029, 031, 106, 235, 290

G

GBU-12ペイヴウェイII　092, 093, 094, 095, 112, 113, 114
GBU-12ペイヴウェイII　092, 094, 095, 114
GBU-12レーザー誘導爆弾　112, 113
GBU-16ペイヴウェイI　093
GBU-24ペイヴウェイIII誘導爆弾　126
GBU-31 JDAM誘導爆弾　126
GBU-32爆弾　126
GBU-38 GPS誘導爆弾　113
GBU-38 JDAM爆弾　095
GBU-38小直径爆弾　126
GBU-38爆弾　093
GBU-39小直径爆弾　094, 126
GBU-44ヴァイパーストライク　094, 187
GM-114ヘルファイア・ミサイル　089
GPS信号　028, 036, 093

H

HO229ホルテン戦闘爆撃機　134

I

IED　057, 058, 118, 119, 120, 180, 194, 199, 200, 202, 203, 221, 290
IFF（敵味方識別）反応　062

J

JP-7ジェット燃料　270

K

KマックスUAV　198, 199, 200
KマックスOPV　199

M

M1エイブラムズ主力戦車　071
Mk82通常爆弾　093, 095
MQ-1Cグレイイーグル　117
MQ-1プレデター　031, 067, 098, 102, 107, 115
MQ-4Cトライトン　037
MQ-5A　136
MQ-5Bハンター　136
MQ-5ハンター　084
MQ-8Aファイアスカウト　186, 187, 189
MQ-8ファイアスカウト　032, 077, 084, 185, 186, 189, 192
MQ-9Bガーディアン　114
MQ-9リーパー　036, 084, 089, 090, 108, 109, 110, 112, 113, 114

N

N-1M　134
NASA利用のドローン　241
NBCセンサー　171, 172

P

P-8ポセイドン対潜哨戒機　145
PD-100ブラックホーネット　213, 219, 221, 223

R

RQ-1Cグレイイーグル　118
RQ-1プレデター　098, 101, 118
RQ-2Bパイオニア　100
RQ-2パイオニア　010, 081, 085
RQ-4グローバルホーク　008, 009
RQ-5A　123, 133, 135, 136
RQ-5BハンターB　135
RQ-5ハンター　114, 115, 137, 164
RQ-7　028, 030, 084, 114, 139, 173, 177, 178, 179, 180
RQ-7Aモデル　178
RQ-7Bシャドー200タクティカル　173
RQ-7Bモデル　178
RQ-7シャドー　028, 030, 084, 114, 139, 177, 178, 179, 180
RQ-11Aレイヴン　209
RQ-11レイヴン　084, 207, 209, 213
RQ-15ネプチューン　010
RQ-16 Tホーク　084
RQ-20AピューマAE　210
RQ-170センチネル　127, 154, 156, 157

S

SARレーダー　044
SR-71ブラックバード　138, 139, 270

T

T-ホーク　213, 221

U

U-2偵察機　138, 142, 156
UOV　281

USV　281

V

V1飛行爆弾　012, 013, 268

X

X–1実験機　269
X–37A　277
X–37B　274, 275, 276, 277, 278
X–37C　277
X–37システム　278
X–47A　123, 130, 131
X–47Bペガサス　130, 131
X–47ペガサス　130, 131
X–51ウェーヴライダー　270, 271, 272

Y

YB–49試作爆撃機　134

あ

アーファングUAV　139, 157, 162, 164
アヴェンジャー　109, 120, 121, 122, 123, 124, 126, 127, 129, 130, 142
アクティブ・ジャマー　086
アクティブ・レーダー　086
圧縮空気式カタパルト　168, 169, 173, 178, 182
アトラスV　276
アトランテ　021
アビオニクス　110, 114, 118, 122, 133, 164, 202, 290
アフガニスタン　010, 038, 101, 104, 107, 109, 110, 111, 127, 156, 163, 164, 170, 178, 189, 199, 200, 201, 203, 216, 217
「アライド・フォース」作戦　135
アラディン　213, 216, 217, 218, 219
アラブ首長国連邦　193, 201
アルカイダ　156, 170

い

イーグルアイUAV　184
イービー　018
イスラエル国防軍（IDF）　157
移動空中カメラ　204
イラク　053, 055, 068, 070, 076, 081, 090, 101, 107, 109, 110, 114, 115, 130, 135, 154, 156, 175, 178, 203, 228, 230

う

ヴァイパーストライク精密爆弾　094, 095, 115, 119, 120, 135, 136, 137, 187
ウェーヴライダーUAV　270, 272
ウェット・ウィング　103
ウォッチキーパー（Watchkeeper）UAV　038
宇宙貨物船　280, 281
宇宙ステーション補給機　278, 281
宇宙ドローン　274, 281
宇宙ミッション　274, 276, 278

え

エアミュールUAV　195, 196
エアロスター　157, 158, 159, 160, 161
エアロバイロメント・ピューマ　210
エアロマッパー・オプションE　235
エアロライト　159
エアロライトUAV　159
曳航型デコイ・システム　144
衛星偵察　026
エイタン　163, 164
「エクステンディド・ハンター」　135
エスペランザ山火事　110
エレボン（昇降舵補助翼）　132
遠隔センサー・プラットフォーム　185
遠隔操作無人探査機（ROV）　007, 008, 257
遠征無人機　084
掩蔽壕バスター　230

お

欧州宇宙機関　280
欧州補給機（ATV）　280, 281, 290
大型貨物ドローン　026
オクタン　024
オサマ・ビン・ラディン　105, 154, 156
音響ホーミング魚雷　015

か

ガーディアン　113, 114
海底地図の作製　240
回転翼UAV　035, 184, 191, 201
回転翼機　020, 025, 184, 190, 198, 290
回転翼ドローン　023, 024, 025, 032, 082, 086, 184, 185, 192
海洋汚染の拡散の監視　202
海洋考古学　267
海洋生物の観察　240
過激派組織IS　114
ガザ地区　163
可視光カメラ　033
可視光シグネチャ　083
火星探査ローヴァー　285
カタパルト　085, 130, 131, 159, 168, 169, 173, 175, 178, 182, 205, 217
滑空爆弾　015, 094, 136
「カトリーナ」（ハリケーン）　107
カムコプターS-100　201, 202, 203
カメラ搭載ドローン　234, 287
環境監視　028, 082, 165, 236, 253, 259, 266, 267
監視活動　022, 189
観測気球　050
ガンポッド　096

き

危機検出・回避装置　144, 146, 160
技術実証機　036, 166, 270, 274
機上電波妨害器　144

軌道試験機　275, 277
キャニスター　035
魚群観察プラットフォーム　183
近距離偵察作戦　205

く

空中衝突防装置　021
空中発射巡航ミサイル（ALCM）　230
クジラ探知　181
グラバー　259, 263
グレイイーグル　084
グローバルホークUAV　048, 138, 142, 144, 232
クロップカム　251
クワッドコプター　025, 238, 291

け

継続監視　236

こ

広域海洋監視　145
航空偵察　022
航空電子装置　110, 114, 118, 122, 133, 164, 202, 290
高高度長時間滞空型（HALE）UAV　139, 147
高高度長航続時間プラットフォーム　146
考古学の測量　236
交差反転式ローター　184, 198
合成開口レーダー（SAR）　042, 043, 044, 103, 106, 114, 126, 143, 155, 161, 169, 171, 177, 183, 191, 201, 206, 265, 291
交戦エンベロープ　091, 143, 228
高速対電波源ミサイル（HARM）　230
高速打撃兵器（HSSW）　270
降着装置　131, 170, 192
交通監視　153, 159, 236
こうのとり　281
小型UAV　010, 204, 206, 210, 214, 254, 263
小型潜水ROV　258
小型偵察ドローン　204, 213, 218, 219, 220, 238
黒鉛繊維複合材　008

国際宇宙ステーション(ISS) 143, 278, 279, 280
極超音速実験機 273
極超音速飛行 270, 271, 272
極微重力 274
個人偵察システム 222
国境警備 108, 113, 158, 171, 193, 211
固定翼機 020, 096, 120, 129, 184, 185, 290
固定翼ドローン 023, 024, 025, 222
コラックス 087
コンゴ民主共和国 174

さ

災害管理 221, 238
サイドワインダー 017, 089, 091, 092, 094
サイドワインダー空対空ミサイル 089, 091
「砂漠の嵐」作戦 230
三角翼 169

し

シーアヴェンジャー 120, 127, 129, 130
ジェネラル・アトミックス・エアロノーティカル・システムズ社 102
ジェネラル・アトミックス社 102, 108
市街戦 214, 290
シギント 106, 120, 126, 140, 142, 144, 153, 154, 155, 162, 177, 178, 187, 206, 291
持続的対レーダー・ミサイル(PARM) 231
実用上昇限度 032, 123, 154, 157, 244, 272, 291
自動帰還機能 253
自動脅威回避システム 201
シミュレーション・モード 174
ジャヴェリン対戦車ミサイル 089
ジャララ(Yarara)UAV 022
手動制御照準システム 009
巡航ミサイル 224
消火活動 236
商業輸送 237
衝撃波 272
衝突回避プロトコル 280
商用航空交通 283
自律型補給機 283

自律型無人潜水機(AUV) 257, 264
深海採鉱 267
シンクロコプター 198, 199
人道支援 236
ジンバル式マウント 033

す

水質調査 267
水中ドローン 239, 240, 256, 258, 261
垂直安定板 009, 023, 131, 132
スイッチブレード 074
水陸両用作戦 081
スウィフト 212
スカイウォリアー 104, 115
スカイライト 085
スカイレンジャー 086
スカッド・ミサイル 068, 070, 072, 291
スキャンイーグル 084, 173, 180, 181, 182, 183
スクラムジェット 270, 272
スコーピオ30 237
スタンドオフ 121
スティンガー待ち伏せ 091, 207
スティンガー・ミサイル 090, 091, 093, 119, 120
ステルス性 083, 087, 122, 126, 132, 133, 143, 155, 166, 228
ステルス・ドローン 087, 105, 123, 127, 156, 231
スペースシップワン 277
スペースシャトル 277
スペースプレーン 275, 276, 277
スペース・ローンチ・システム 278

せ

生息場マッピング 267
生態系評価 267
生物調査ドローン 250
赤外線暗視装置 033, 043, 053, 054, 059, 070, 082, 145, 183, 216
赤外線・可視光カメラ 238
赤外線カメラ 008, 018, 033, 034, 057, 059, 110, 175, 212
赤外線ホーミング 091, 094, 151

ゼファー　147, 148, 149
戦域作戦用航空機　242, 291
センサー・システム　031, 172
センサー・ターレット　112, 181, 193, 209
センサー・プラットフォーム　024, 075, 143, 185, 191
戦術小型無人機　084
戦術偵察　048, 070, 158, 163, 178, 183, 204, 207, 211, 212, 214, 216, 217, 220, 232
戦術偵察プラットフォーム　183
戦場監視　161, 162, 163
センチネルUAV　154, 156
センチュリオンUAV　245, 246, 247, 249
戦闘用航空機　014, 083, 092, 097, 282, 283
全方位ボールターレット　187
前方監視赤外線装置（FLIR）　033
前方監視センサー・パッケージ　008
全翼機　131, 132, 134, 154, 158

そ

操縦選択型機　198
操縦不能　024, 111, 118, 133, 268
操縦翼面　007, 008, 029, 122, 224, 269, 272
ソーラーパネル　209, 243, 245, 247
ソフト・ターゲット　088

た

ターボチャージャー　105, 107, 162, 164
ターボファン　008, 009, 110, 121, 133, 142, 145, 154, 231
ターボプロップ・エンジン　036, 109, 110, 114
ターレット（砲塔）式マウント　033
第1次世界大戦　050, 175
第2次世界大戦　012, 015, 051, 130, 134, 154
対潜プラットフォーム　078
耐兵士仕様　210
多機能センサー・パッケージ　137
ダクテッドファン　221
宅配サービス　238
ダミーRQ-7シャドー　177
多目的弾頭　090

多目的中高度中距離回転翼UAV　201
タラリオンUAV　039
タランチュラ・ホーク　221
タリバン　156, 170

ち

治安維持活動　158, 176, 205, 235
地形等高線照合　229, 291
地質調査　267
地上誘導ステーション　104, 126, 174, 179, 197, 201, 210, 212, 216
中高度長時間滞空（MALE）無人機　102
注目点　008, 033
超高高度UAV　249
超高速タロン・ミサイル　242
超長時間滞空型偵察ドローン　138

つ

通行制限区域　236
通常弾頭型巡航ミサイル（CALCM）　228, 230
吊りさげ式ソナー　078, 079, 080

て

ディープトレッカー　259, 261
ディープドローン8000　256
定期UAV　238
低視認テクノロジー　082, 083, 087
ディファレンシャルGPS　182
ティルトローター機　184
敵防空網制圧（SEAD）　045, 046, 047, 230, 291
デザートホークUAV　176, 204, 205, 206, 207, 213
手製爆弾（IED）　057, 058, 118, 180, 194, 197, 199, 221, 290
手製爆弾（IED）の探知　221
電子光学（EO）・赤外線（IR）カメラ　162, 169, 187, 191, 193, 210, 211, 212
電子光学（EO）・赤外線（IR）センサー　143, 155, 161, 178, 201
電磁スペクトル　030, 031, 050, 051, 056
電子戦闘能力　042

電磁波シグネチャ　086
電波妨害器　056, 144

と

統合センサーセット　143
統合直撃弾(JDAM)誘導キット　093
胴体内兵器庫　122, 126
トライデント・ミサイル　075
トラクター式　020, 174, 210, 214, 216
ドラゴンアイUVA　213, 214, 215, 216, 219
ドローン戦闘機　080
ドローンの悪用　287, 288
ドローン部隊　129
ドローン兵器　015, 061, 063
ドローン母艦　129

な

ナノ無人機　221

に

任務時間　170, 174

ね

ネットワーク中心の戦い　068, 069, 070, 072, 073

の

農作物や家畜のデータ収集　236
ノースアメリカンX-15　277

は

排他的経済水域の調査　267
ハイドロヴュー　257, 258
パイプラインの点検　008, 240
パイロス　180
パイロン(兵装支持架)　106, 126, 229
パキスタン　063, 065, 127, 170, 173
舶載UAV　130

爆発物処理(EOD)活動　221
パスファインダー　241, 242, 243, 244, 245, 246, 247
パスファインダープラス　242, 243, 245, 246, 247
ハッキング　029
発射筒兼用容器　085
発泡ポリプロピレン・フォーム　018
ハムヴィー(高機動多目的装輪装甲車輌)　178, 290
ハリアー攻撃機　091
バルカン半島　104, 107, 114, 115, 135, 230
パロットAR　239
パワーウェイレシオ(出力重量比)　022, 193
掩蔽壕バスター　230
バンジーコード　205, 214, 215, 216
ハンター(Hunter)統合戦術無人航空機　025
ハンターII　115
ハンターキラー無人機　108

ひ

飛行機射出機　085
飛行探査プラットフォーム　285
被災地　040, 045, 172, 238
ビデオレイ　262, 263
ビデオレイ・プロ4　262
エアロバイロメント・ピューマ　210
ピューマ　081, 084, 210, 211, 212, 213, 219

ふ

ファイアスカウトUAV　032, 077, 084, 185, 186, 187, 188, 189, 192
ファイアビーUAV　152
ファルコUAV　170, 171, 172, 173, 174
ファルコEVO　174
ファントムアイ　157, 164, 165, 166, 167
ファントムレイ　166, 167
フィゼラーFi 103R　268
フェニックスUAV　173, 174, 175, 176
フォークランド紛争　230
フォールト・トレランス(耐障害性)　118
福島第1原発　221
武装ドローン　067, 068, 115, 119, 204, 234, 285

プッシャー式　020, 102, 109, 136, 157, 158, 162, 177, 178, 205, 207, 218, 254
フューリー1500　169, 170, 173
プライバシーの問題　287
プラグ＆プレイ　169, 206
ブラン　277
ブリムストーン・ミサイル　089, 091, 114
プルーム（噴煙）　075
プレシジョンホーク　250
プレデターBモデル　104, 108
プレデターC　109, 120, 122, 123, 126
プログレス　280
プログレス補給船　280

へ

米弾道ミサイル防衛局　242
米特殊作戦軍（SOCOM）　211
ペイロード自動吊りあげシステム　201
平和維持活動　183
平和維持部隊　174
ベートーベン　013, 014
ペガサスX–47A　123
ペガサスX–47B　123, 130, 131, 133, 134
ヘリオス　244, 245, 247, 249
ベル社　269
ベルヌ，ジュール　280
ヘルファイア・ミサイル　038, 088, 089, 090, 112, 113, 114, 120, 126
ヘロンUAV　161, 162, 163, 164
ヘロン2　163
ペンギン　034

ほ

法執行機関　020, 108, 113, 159, 203, 235, 237, 240, 263
砲兵弾着観測　115, 175, 178
ボーイングX–37　277
ポータブル誘導ステーション　034
ボスニア・ヘルツェゴビナ紛争　101
ホバリング　025, 079, 083, 086, 184, 191, 196, 199, 221, 288

ま

マーズフライヤー　285
マイクロ無人機　222
マヴェリック　213, 218, 219, 220, 221
マヤUAV　253, 254, 255
マルチコプター型　024, 025
マルチスペクトル・ターゲティングシステム（MTS）　106
マルチプラットフォーム・レーダー技術挿入プログラム（MP–RTIP）　142
マルチモード・シーカー　089, 094
マン・イン・ザ・ループ　032, 039, 062, 067
マンティスUAV　036

み

ミステル計画　016
民生品利用（COTS）　018

む

無人艦載空中偵察攻撃機（UCLASS）計画　129, 130
無人機APID–55　192
無人攻撃機　098
無人実験機　268
無人潜水機（UUV）　008
無人補給機　189
無線傍受任務　041
無誘導爆弾　092

も

目標追尾センサー　088

ゆ

有効搭載量　015
誘導ロケット弾ポッド　096
輸送ドローン　191, 195, 201, 202, 239
ユンカースJu–88　013

よ

翼竜　098

ら

ライダーシステム　201
ライヒェンベルク　268
ラダーベーター　009, 122
ラトー（RATO）　152
戦域作戦用航空機　242, 291
ランスポンダー（応答機）　146

り

林業研究　236

れ

レイヴン　084, 087, 207, 209, 212, 213, 219
レイマス　261, 264, 265, 266, 267
レイマス100　264, 265, 267
レイマス600　264, 265, 266, 267

レーザー指示器　009, 038, 054, 060, 106, 137, 171, 178, 183, 191
レーザー照射　086, 206
レーザー測距器　034, 037, 052, 053, 187, 290
レーダー横断面　083, 086, 087, 131
レーダー警報受信機　144
レーダー反射　009, 123, 126, 133, 143, 152, 154, 176, 191
レシプロエンジン　069, 134, 165, 166, 181
レンジャー　086, 173, 175, 176, 178

ろ

ロータックス4気筒エンジン　102
ロールスロイス・ノースアメリカ　009, 145
ロケット補助推進離陸　085, 136, 291
ロボット宅配機　283

わ

ワジリスタン紛争　170
ワスプUAV　084, 211, 212, 213, 219
ワスプMAV　212
湾岸戦争　053, 068, 070, 072, 228

図版クレジット

Aerial Precison: 234, 279 bottom
Aerolight: 159
Aeromao: 235
Aerostar: 158 both
Aeryon: 24, 86
Airbus: 162
Alamy: 156 (EPA), 174 top (Andrew Chittock), 224 (Ronnie James), 237(Christopher Barnes-Aviation), 238 top(Ingo Wagner)Aquabotix: 197
Art-Tech: 14, 16 top, 268
BAE Systems: 87
Boeing: 165, 166, 190
Bormatec: 254
ChandlerMay: 168
CropCam: 252, 253
Cybaero: 192-193 both
Deeptrekker: 260
Defenceimagery.mod.uk: 205 (Dave Husbands), 206
EADS: 21
Getty Images: 16 bottom (Hulton), 50 (Boyer), 57 top (Scott Nelson), 98 (Philippe Lopez), 105 top (CNN), 217 (Miguel Villagran)
IAI: 135, 136, 161
MBDA:90
NASA: 45, 86 (Dryden), 186, 187, 190, 191, 209, 212-217 all
Northrop Grumman: 37, 231
Nostromo: 22
Orp 20 (CC 3.0): 175
Parrot: 232/233, 239 bottom
PrecisionHawk: 250
Prioria Robotics: 220 both
Proxy Dynamics: 222-223 all
Qinetiq: 147, 149
Raytheon: 92
Schiebel: 202/203
Selex ES: 168, 171-172
Sensefly: 18
Thales: 38
UAV Factory: 34
Urban Aeronautics: 195, 196
US Coast Guard: 184
US Department of Defense: 6, 11, 17, 25-31 all, 35-43 all, 48/49, 53 both, 55,58 bottom, 59-85 all, 89, 93-97 all, 100-104 all, 100 bottom, 107, 108, 109, 112-132 all, 138-145 all, 150-153 all, 154/155, 163, 179-182 all, 186-188 all, 194, 198-200 all, 204, 208-215 all, 225-228 all, 256, 264-266 all, 270, 274 Videoray: 262

All illustrations © Amber Books Ltd

［著者］
マーティン・J・ドアティ
Martin J. Dougherty

軍事史家。武器技術、戦史、戦闘技術の専門家。拳銃など携帯用兵器の歴史から身辺警備、護身術にいたるまで、軍事にかんするさまざまなテーマの著書多数。邦訳書に『図説古代の武器・防具・戦術百科』、『図説中世ヨーロッパ 武器・防具・戦術百科』、『図説世界戦車大全』『銃と戦闘の歴史図鑑 1914–現在』（いずれも原書房）、『比べてわかる現代兵器図鑑』（学研パブリッシング）などがある。

［訳者］
角敦子
Atsuko Sumi

1959年、福島県会津若松市に生まれる。津田塾大学英文学科卒業。訳書に、ナイジェル・カウソーン『世界の特殊部隊作戦史1970–2011』、マーティン・J・ドアティ他『銃と戦闘の歴史図鑑1914–現在』（以上、原書房）などがある。政治や伝記、歴史などのノンフィクションの翻訳を手がけている。千葉県流山市在住。

世界の無人航空機図鑑
軍用ドローンから民間利用まで

2016年1月29日　初版第1刷発行

著者

マーティン・J・ドアティ

訳者

角敦子

発行者

成瀬雅人

発行所

株式会社原書房

〒160-0022

東京都新宿区新宿1-25-1

電話・代表03(3354)0685

http://www.harashobo.co.jp

振替・00150-6-151594

ブックデザイン

小沼宏之

印刷

新灯印刷株式会社

製本

東京美術紙工協業組合

©Office Suzuki, 2016
ISBN978-4-562-05276-9
Printed in Japan

DRONES
by Martin J. Dougherty

Copyright © 2015 Amber Books Ltd, London
Copyright in the Japanese translation © 2016 Hara Shobo
This translation of Drones first published in 2016 is published by arrangement with Amber Books Ltd.
through Tuttle-Mori Agency, Inc., Tokyo